SHIYONG DIANDUYE PEIFANG YU ZHIBEI 200 LI

# 实用电镀液
## 配方与制备
# 200 例

李东光　主编

化学工业出版社

·北京·

## 内容简介

本书精选绿色、环保、经济的200种电镀液配方，重点阐述了原料配比、制备方法、产品应用、产品特性等内容，具有原料易得、配方新颖、产品实用等特点。

本书可供从事电镀液配方设计、研发、生产、管理等的人员使用，同时可供精细化工等相关专业的师生参考。

## 图书在版编目（CIP）数据

实用电镀液配方与制备200例/李东光主编. —北京：化学工业出版社，2021.8（2022.9重印）
ISBN 978-7-122-39290-9

Ⅰ.①实… Ⅱ.①李… Ⅲ.①电镀液-配方②电镀液-制备 Ⅳ.①TQ153

中国版本图书馆CIP数据核字（2021）第106669号

责任编辑：张　艳　　　　　　　　　　文字编辑：苗　敏　师明远
责任校对：张雨彤　　　　　　　　　　装帧设计：王晓宇

出版发行：化学工业出版社（北京市东城区青年湖南街13号　邮政编码100011）
印　　装：涿州市般润文化传播有限公司
710mm×1000mm　1/16　印张11　字数222千字　2022年9月北京第1版第4次印刷

购书咨询：010-64518888　　　　　　　售后服务：010-64518899
网　　址：http://www.cip.com.cn
凡购买本书，如有缺损质量问题，本社销售中心负责调换。

定　　价：59.00元

电镀就是通过化学置换反应或电化学反应在镀件表面沉积一层金属镀层，通过氧化反应也可在金属制品表面形成一层氧化膜，从而改变镀件或金属制品表面的性能，使其满足使用者对制品性能的要求。

电镀得到的金属镀层化学纯度高、结晶细致、结合力强，可获得多方面的使用性能。根据实际要求，电镀的主要目的是：①获得金属保护层，提高金属的耐蚀性；②改变金属表面的硬度，提高金属表面的韧性或耐磨性能；③提高金属表面的导电性能，降低表面接触电阻，提高金属的焊接能力；④增强金属表面的致密性，防止局部渗碳和渗氮；⑤改变金属表面色调，使装饰品更加美观，更有欣赏性、时代感；⑥提高金属的导磁性能，如铁镍镀层是很好的磁性镀层，在电子工业中有特殊用途；⑦提高金属表面的光亮度，提高表面的光反射能力，在光学仪器中有广泛的应用；⑧修复金属零件的尺寸；⑨使非金属表面金属化。

电镀是通用性强、使用面广的重要加工和工艺性生产技术。电镀可以改变金属或非金属制品的表面属性，如抗腐蚀性、装饰性、导电性、耐磨性、可焊性等，广泛应用于机械制造工业、轻工业、电子电器行业等，而某些特殊的功能材料，能满足国防尖端技术产品的需要。

电镀液通常包括：①主盐，提供电沉积金属的离子，它以配合离子形式或水化离子形式存在于不同的电镀液中；②导电盐，用于增加溶液的导电能力，从而扩大允许使用的电流密度范围；③配位剂；④缓冲剂；⑤其他添加剂，如整平剂、光亮剂、抗针孔剂，以及有助于阳极溶解的活化剂等。除主盐和导电盐外，并非所有电镀液都必须含有上述各种成分。

为了满足市场的需求，我们编写了本书，书中收集了 200 种电镀液制备实例，详细介绍了产品的原料配比、制备方法、产品应用、产品特性等，旨在为电镀工业的发展尽点微薄之力。

本书的配方以质量份表示，在配方中如有注明以体积份表示，需注意质量份与体积份的对应关系，例如质量份以 g 为单位时，对应的体积份是 mL；质量份以 kg 为单位时，对应的体积份是 L，以此类推。

需要请读者们注意的是，我们没有也不可能对每个配方进行逐一验证，所以读者在参考本书进行试验时，应根据自己的实际情况本着先小试后中试再放大的原则，小试产品合格后才能进行下一步，以免造成不必要的损失。

本书由李东光主编，参加编写的还有翟怀凤、李桂芝、吴宪民、吴慧芳、蒋永波、邢胜利、李嘉等。由于编者水平有限，疏漏在所难免，恳请读者及时指正。作者 Email 为 ldguang@163.com。

主编

2021 年 5 月

# 6　镀合金液　087

## 8　其他镀液　144

# 1

# 镀镍液

## 配方 1　半光亮镍电镀液

**原料配比**

| 原料 | | | 配比/g | | |
|---|---|---|---|---|---|
| | | | 1# | 2# | 3# |
| 硫酸镍 | | | 100 | 120 | 150 |
| 氯化镍 | | | 50 | 80 | 100 |
| 乳酸 | | | 20 | 35 | 50 |
| 添加剂 | | | 1 | 1.2 | 1.5 |
| pH 调节剂(调节电镀液 pH 值) | | | 4 | 5 | 5 |
| 去离子水 | | | 加至 1000mL | 加至 1000mL | 加至 1000mL |
| 添加剂 | 光亮剂 | β-萘酚乙氧基化物 | 1 | 1 | 1 |
| | | 电位差稳定剂 | 1 | 3 | 5 |
| | 润湿剂 | 2-乙基己基硫酸钠和丁二酸二己酯磺酸钠中的至少一种 | 0.2 | 0.6 | 0.8 |
| | 晶粒细化剂 | 椰子油脂肪醇聚氧乙烯醚 | 0.5 | 1 | 1.5 |
| 电位差稳定剂/(mol/L) | | 乙醇 | 1 | 2 | 5 |
| | | 亚硫酸钠 | 6 | 8 | 10 |
| | | 硫酸亚铁 | 0.8 | 1 | 1.2 |

**制备方法**　将各组分原料混合均匀即可。

**产品应用**　电镀方法：除油—水洗—活化—水洗—电镀半光亮镍—水洗—电镀光亮镍—水洗—干燥—得到电镀产品。

各步骤条件如下：

(1) 除油：在超声波清洗机中加入 100g/L 的除油溶液（常规除油剂），将工件浸渍在该除油溶液中，在 50℃下超声波振动 5min。

(2) 活化：将工件浸泡在酸洗溶液（盐酸 300mL/L）中，在 20℃下浸泡 1min。

(3) 电镀半光亮镍：以工件为阴极，镍板为阳极，在半光亮镍镀液中于 50℃下电镀 10min，电流密度为 $4A/dm^2$。

(4) 电镀光亮镍：以工件为阴极，镍板为阳极，在常规光亮镍镀液中于 50℃下电镀 5min，电流密度为 $4A/dm^2$。

**产品特性** 采用本品所提供的电位差稳定剂可以很好地调节光亮镍与半光亮镍之间的电位差；控制光亮剂、电位差稳定剂、润湿剂和晶粒细化剂的质量比为 1：(1～5)：(0.2～0.8)：(0.5～1.5)，可以使镀层光亮性、电位差、镀层质量处于一个稳定的平衡状态，取得较好的电镀效果。

## 配方 2 插秧机底架用电镀液

原料配比

| 原料 | 配比/g | | |
|---|---|---|---|
| | 1# | 2# | 3# |
| 硫酸镍 | 250 | 300 | 275 |
| 氯化镍 | 30 | 60 | 50 |
| 硼酸 | 35 | 40 | 37 |
| 十二烷基硫酸钠 | 0.05 | 0.1 | 0.07 |
| 糖精 | 1 | 2 | 1.5 |
| 水 | 加至 1000mL | 加至 1000mL | 加至 1000mL |

**制备方法** 将各组分原料混合均匀即可。

**产品特性** 通过该电镀液对底架进行电镀，能够有效地提高底架的耐腐蚀性能及光亮度，保证了插秧机的使用寿命。

## 配方 3 镀镍用电镀液

原料配比

| 原料 | 配比/g | 原料 | 配比/g |
|---|---|---|---|
| 硫酸镍 | 250～350 | 羧甲基纤维素钠（CMC） | 10～20 |
| 氯化镍 | 25～50 | 乙二醇 | 10～20 |
| 硼酸 | 30～40 | 辛基硫酸钠 | 3～10 |
| 氨磺酸钠 | 15～25 | 2-乙基己烷基硫酸钠 | 5～10 |
| 柠檬酸钠 | 10～15 | 水 | 加至 1000mL |

**制备方法** 将各组分原料混合均匀即可。

**原料介绍** 所述电镀液还包括组分 2-乙基己烷基硫酸钠。

**产品特性** 与常规电镀液相比，在相同的电镀条件下，本电镀液电镀可得到更致密紧实的镀层，镀层与被镀金属表面的结合能力强，不出现脱皮、脱落和针孔等现象。

## 配方4 镀镍的纳米复合电镀液

**原料配比**

| 原料 | 配比(质量份) | 原料 | 配比(质量份) |
|------|------------|------|------------|
| 氨基磺酸镍 | 310 | 二硫化钼 | 6 |
| 硫酸钴 | 32 | 二硼化锆 | 8 |
| 氯化镍 | 23 | 橡胶粉末 | 5 |
| 硼酸 | 20 | 聚丙烯酰胺 | 2 |
| 钼酸铵 | 6 | 十二烷基三甲基溴化铵 | 0.4 |
| 十二烷基硫酸钠 | 0.4 | 乌洛托品 | 0.6 |
| 十一烷基磺酸钠 | 0.3 | 碘化钾 | 0.3 |
| 苯乙烯 | 4 | 去离子水 | 适量 |
| 偶氮二异丁腈 | 0.2 | | |

**制备方法**

(1) 将二硫化钼、二硼化锆和橡胶粉末混合研磨分散均匀，置于高温炉中，在氮气保护下于 $600\sim700℃$ 煅烧 $1\sim2h$，自然冷却，粉碎后用适量的丙酮溶液超声清洗 $20\sim25min$，再用去离子水洗净（呈中性），放入鼓风干燥箱中烘干，备用。

(2) 在装有机械搅拌棒、回流冷凝管、温度计及氮气保护的烧瓶中加入一定量的乙醇溶液，再加入十一烷基磺酸钠、苯乙烯和步骤（1）制备的产物，搅拌 $24\sim28h$，再加入偶氮二异丁腈加热至 $60\sim65℃$ 下反应 $2\sim3h$，然后将反应混合物放入冰水浴中使其停止聚合，过滤，用乙醇溶液清洗数次，真空干燥 $4\sim5h$ 后备用。

(3) 将钼酸铵加入去离子水中溶解，再加入氨基磺酸镍、硫酸钴、氯化镍和十二烷基硫酸钠溶解均匀，缓慢加热至 $45\sim60℃$，用氨水调节 pH 值至 $2\sim4$，得基础镍电镀液备用。

(4) 将步骤（2）制备的产物加入步骤（3）制备的基础镍电镀液中，再加入剩余的物质超声搅拌 $30\sim40min$，机械搅拌 $0.5\sim1h$，静置除去粒径 $\geq5\mu m$ 的颗粒，即可得到复合电镀液。

**产品应用** 电镀工艺：电镀时间为 $35\sim45min$，电镀液温度为 $45\sim60℃$，电流密度为 $2.3\sim3.4A/dm^2$。

**产品特性** 本品将绝缘材料苯乙烯包覆在不溶性固体二硼化锆和二硫化钼的表面，解决了导电微粒黏附于阴极表面使表面粗糙度增加的难题，阻止了纳米微粒间团聚的倾向，并且使镀层具有较好的耐蚀性、耐磨性和较低的摩擦系数。经处理的二硼化锆和二硫化钼增加了表面粗糙度，易形成镀层，节约了资源与时间，降低了成本。本品制备工艺简单，耗时短，结合力强，能够在镀件表面形成良好的镀层。

## 配方5 端子表面电镀液

**原料配比**

| 原料 | 配比/(mol/L) | | |
|------|------|------|------|
| | 1# | 2# | 3# |
| 乙酸镍 | 0.1 | 0.2 | 0.15 |
| 氯化镍 | 0.4 | 0.5 | 0.4 |
| 甘氨酸 | 0.1 | 0.5 | 0.3 |

| 原料 | 配比/(mol/L) | | |
|---|---|---|---|
| | 1# | 2# | 3# |
| 氯化铵 | 0.01 | 0.03 | 0.02 |
| 硫酸钾 | 0.001 | 0.003 | 0.002 |
| β-萘磺酸 | 0.001 | 0.002 | 0.001 |
| 苯丙氨酸 | 0.002 | 0.003 | 0.002 |
| 磺基水杨酸 | 0.03 | 0.05 | 0.03 |
| 三乙醇胺 | 0.02 | 0.03 | 0.02 |
| 吡啶-3-磺酸 | 0.001 | 0.002 | 0.002 |
| 顺式丁烯二酸铵 | 0.03 | 0.04 | 0.04 |
| 去离子水 | 加至1000mL | 加至1000mL | 加至1000mL |

**制备方法** 将各组分原料混合均匀即可。

**原料介绍** 配位剂为磺基水杨酸、三乙醇胺。光亮剂为吡啶-3-磺酸、顺式丁烯二酸铵。

**产品应用** 采用端子表面电镀液电镀，包括以下步骤：

(1) 将金属镍放入镍的电镀溶液中，作为阳极；

(2) 将工件放入镍的电镀溶液中，作为阴极；

(3) 通入直流电源，控制阴极电流密度为 $0.5 \sim 6A/dm^2$，电镀液温度为 $40 \sim 55℃$，电镀时间为 $1 \sim 10min$。

**产品特性** 本品提供的电镀液电镀工艺简单，易于扩大生产，且利用该电镀液能在金属零件表面形成物理性能优良的高纯度光亮镍镀层。

## 配方6 复合电镀液

**原料配比**

| 原料 | 配比/g | 原料 | 配比/g |
|---|---|---|---|
| 硫酸镍 | 200~300 | 乙二醇 | 15~25 |
| 氯化铵 | 25~50 | 辛基硫酸钠 | 3~10 |
| 硼酸 | 40~50 | 2-乙基己烷基硫酸钠 | 5~8 |
| 柠檬酸钠 | 5~12 | 水 | 加至1000mL |
| 羧甲基纤维素钠（CMC) | 15~30 | | |

**制备方法** 将各组分原料混合均匀即可。

**产品特性** 与常规电镀液相比，在相同的电镀条件下，本电镀液电镀可得到更致密紧实的镍镀层，镀层与被镀金属表面的结合能力强，不出现脱皮、脱落和针孔等现象，且具有更优异的硬度。

## 配方7 光亮黑镍电镀液

**原料配比**

| 原料 | 配比（质量份) | | | | | |
|---|---|---|---|---|---|---|
| | 1# | 2# | 3# | 4# | 5# | 6# |
| 壳聚糖配合镍 | 5 | 15 | 25 | 25 | 25 | 25 |

| 原料 | | 配比（质量份） | | | | | |
|---|---|---|---|---|---|---|---|
| | | 1# | 2# | 3# | 4# | 5# | 6# |
| 添加剂 A | 浓度为 10mL/L 醋酸钠溶液 | 1000（体积份） | — | — | — | — | — |
| | 浓度为 25mL/L 醋酸钠溶液 | — | 1000（体积份） | — | — | 1000（体积份） | — |
| | 浓度为 35mL/L 磷酸氢二钠溶液 | — | — | 1000（体积份） | — | — | — |
| | 浓度为 45mL/L 磷酸氢二钠溶液 | — | — | — | 1000（体积份） | — | — |
| | 浓度为 45mL/L 醋酸钠溶液 | — | — | — | — | — | 1000（体积份） |
| | 硫酸镍 | 105 | 85 | 65 | 45 | 45 | 25 |
| | 氯化镍 | 15 | 25 | 15 | 35 | 55 | 75 |
| | 硫酸镁 | 3 | 2 | 1 | 1 | 2 | 3 |
| | 硫酸铜 | 2 | 2 | 10 | 8 | 4 | 2 |
| | 硫氰酸铵 | 55 | 35 | 25 | 10 | 15 | 45 |
| 添加剂 B | 水溶性壳聚糖 | 55 | 45 | 25 | 35 | 45 | 55 |
| 添加剂 C | 等物质的量混合的己二胺、丁二胺混合物 | 65 | — | — | — | — | — |
| | 等物质的量混合的戊二胺、丁二胺 | — | 55 | — | — | — | — |
| | 等物质的量混合的乙二胺、丁二胺混合物 | — | — | 40 | — | — | — |
| | 等物质的量混合的乙二胺、丙二胺混合物 | — | — | — | 30 | — | — |
| | 丙二胺 | — | — | — | — | 30 | — |
| | 乙二胺 | — | — | — | — | — | 20 |
| 添加剂 D | 硫化钠 | 1 | — | — | — | — | 6 |
| | 硫化铵 | — | 2 | 3 | — | 5 | — |
| | 硫化钾 | — | — | — | 4 | — | — |

**制备方法**

（1）在 35～55℃条件下，将壳聚糖配合镍溶解于添加剂 A 溶液中；

（2）在 35～55℃条件下，向步骤（1）所得的溶液中依次加入硫酸镍、氯化镍、硫酸镁、硫酸铜、硫氰酸铵，搅拌至各种盐完全溶解；

（3）在 35～55℃条件下，向步骤（2）所得的溶液中加入添加剂 B，搅拌至其完全溶解；

（4）在 35～55℃条件下，向步骤（3）所得的溶液中加入添加剂 C、添加剂 D，继续搅拌至添加剂 C、添加剂 D 完全溶解，当溶液呈透明或者半透明状态时，冷却至室温，即得到光亮黑镍电镀液。

**产品应用**  本品主要用于光学设备、电子设备、催化材料、保护材料、航空航天材料、耐磨材料、装饰材料、装潢材料、电磁屏蔽材料、纺织材料或太阳能材料的电镀。

光亮黑镍的电镀方法：在本品所提供的光亮黑镍电镀液中于 35～55℃条件下对待电镀件进行电镀，pH 值为 8.2～9.0，电流密度为 0.5～3.5A/dm$^2$。

**产品特性**

（1）本品电镀得到的黑镍镀层光亮、致密、耐磨、耐腐蚀、导电性好；镀层晶体结构粒径较为均一、化学组成稳定、可调控。

（2）本品的电镀 pH 值更高、配合物更为稳定、自由金属离子浓度更低，其更适合黑色镀层的慢速形成，提高了镀层的致密度及光亮特性。

（3）因为采用了壳聚糖配合物镍源原料，对镍离子、铜离子具有良好吸附力和较好配位作用的可溶性壳聚糖添加剂，以及对金属离子具有良好配合作用的直链二胺类添加剂，使得电镀液体系的配合物较为丰富，电镀过程配合物中心金属离子的释放、电镀沉积速率较容易控制，因而黑镍镀层的物理、化学特性容易控制。

（4）本品制备工艺灵活、设备简单，原材料便宜，材料的综合生产成本低，易于实现大规模的工业化生产和广泛的应用。

## 配方 8　含氨基磺酸盐的镀镍电镀液

**原料配比**

| 原料 | 配比（质量份） | | | | | | | | |
|---|---|---|---|---|---|---|---|---|---|
| | 1# | 2# | 3# | 4# | 5# | 6# | 7# | 8# | 9# |
| 溴化 N-正丁基吡啶 | 160 | 165 | 170 | 160 | 165 | 170 | 160 | 165 | 170 |
| 氨基磺酸镍 | 50 | 55 | 60 | 55 | 50 | 55 | 60 | 60 | 50 |
| 四氟硼酸 | 75 | 80 | 85 | 78 | 78 | 82 | 80 | 82 | 80 |
| 丙酮 | 710 | 695 | 680 | 702 | 701 | 686 | 692 | 687 | 693 |
| 硼酸 | 2 | 3 | 3 | 3 | 4 | 4 | 4 | 2 | 3 |
| 氯化钴 | 3 | 2 | 2 | 2 | 2 | 3 | 4 | 4 | 4 |
| 去离子水 | 加至1000 | 加至1000 | 加至1000 | 加至1000 | 加至1000 | 加至1000 | 加至1000 | 加至1000 | 加至1000 |

**制备方法**　将各组分原料混合均匀即可。

**产品特性**

（1）含氨基磺酸盐的镀镍电镀液不存在水化、水解、析氢等问题，具有腐蚀小、污染小等绿色溶剂应具备的性质。同时，电沉积可以得到大多数在水溶液中得到的金属，并没有副反应，得到的金属质量更好。

（2）镀镍的沉积速度快，镀层的内应力低，镀液的分散能力好。

## 配方 9　紧固件的电镀液

**原料配比**

| 原料 | | 配比/g | | |
|---|---|---|---|---|
| | | 1# | 2# | 3# |
| 第一电镀液 | 硫酸镍 | 220～250 | 240～280 | 346～375 |
| | 氯化镍 | 30～38 | 38～42 | 42～50 |
| | 硼酸 | 35～42 | 40～48 | 44～50 |
| | 延展剂 | 0.7～1.0mL | 0.9～1.2mL | 1.2～1.5mL |
| | 平整剂 | 0.1～0.3mL | 0.2～0.3mL | 0.1～0.3mL |
| | 润湿剂 | 0.1～0.3mL | 0.2～0.3mL | 0.1～0.3mL |
| | 去离子水 | 加至1000mL | 加至1000mL | 加至1000mL |

| 原料 | | 配比/g | | |
|---|---|---|---|---|
| | | 1# | 2# | 3# |
| 第二电镀液 | 硫酸镍 | 220～260 | 270～330 | 342～370 |
| | 氯化镍 | 40～50 | 55～65 | 62～75 |
| | 硼酸 | 35～42 | 47～52 | 48～55 |
| | 光亮剂 | 0.3～0.5mL | 0.5～0.6mL | 0.4～0.7mL |
| | 润湿剂 | 0.1～0.2mL | 0.2～0.3mL | 0.1～0.3mL |
| | 去离子水 | 加至1000mL | 加至1000mL | 加至1000mL |
| 第三电镀液 | 硫酸镍 | 220～260 | 270～335 | 336～376 |
| | 氯化镍 | 40～55 | 52～62 | 62～73 |
| | 硼酸 | 35～42 | 42～51 | 44～51 |
| | 低电流光泽剂 | 1～1.6mL | 1.7～2.0mL | 1.8～2.2mL |
| | 光亮剂 | 0.02～0.06mL | 0.06～0.09mL | 0.06～0.10mL |
| | 润湿剂 | 0.1～0.2mL | 0.1～0.2mL | 0.1～0.3mL |
| | 柔软剂 | 2～4mL | 3～4mL | 4～5mL |
| | 去离子水 | 加至1000mL | 加至1000mL | 加至1000mL |
| 第四电镀液 | 硫酸镍 | 220～260 | 255～275 | 350～380 |
| | 氯化镍 | 50～58 | 65～70 | 60～80 |
| | 硼酸 | 35～44 | 42～50 | 50～55 |
| | 分散剂 | 0.4～1.3mL | 0.7～2.1mL | 3.2～3.5mL |
| | 微孔粉剂 | 0.4～1.6mL | 1.1～1.9mL | 2.6～3.5mL |
| | 去离子水 | 加至1000mL | 加至1000mL | 加至1000mL |
| 第五电镀液 | 酪酐 | 220～250 | 250～279 | 273～300 |
| | 硫酸 | 1.0～1.5 | 1.7～2.1 | 1.4～2.5 |
| | 三价铬 | 0.5～1.8 | 0.8～3 | 4.2～5.5 |
| | 镀铬添加剂 | 0.2～0.4mL | 0.4～0.6mL | 0.4～0.7mL |
| | 去离子水 | 加至1000mL | 加至1000mL | 加至1000mL |

**制备方法** 将各组分原料混合均匀即可。

电镀工艺：将清洗干净的紧固件依次经第一电镀液、第二电镀液、第三电镀液、第四电镀液、第五电镀液电镀后形成具有高硬度、高防腐性、高光亮度的镀层。具体包括以下步骤：

（1）将清洗干净的紧固件浸入第一电镀液中，以镍板为阳极，在 $2～12A/dm^2$ 的电流下，温度为 $40～65℃$，电镀 $20～50min$ 形成半光镍层；

（2）将步骤（1）镀件沥干后浸入第二电镀液中，以镍板为阳极，在 $2～12A/dm^2$ 的电流下，温度为 $40～65℃$，电镀 $3～10min$ 形成高硫镍层；

（3）将步骤（2）镀件沥干后浸入第三电镀液中，以镍板为阳极，在 $2～12A/dm^2$ 的电流下，温度为 $40～65℃$，电镀 $8～30min$ 形成全光镍层；

（4）将步骤（3）镀件沥干后浸入第四电镀液中，以镍板为阳极，在 $2～12A/dm^2$ 的电流下，温度为 $40～65℃$，电镀 $3～10min$ 形成微孔镍层；

（5）将步骤（4）镀件沥干后浸入第五电镀液中，以铅锡板为阳极，在 $2～10V$ 的电压下，温度为 $35～45℃$，电镀 $4～12min$ 形成铬层。

所述半光镍层的厚度设置在 $12\sim25\mu m$ 之间，高硫镍层的厚度设置在 $2\sim8\mu m$ 之间，全光镍层的厚度设置在 $6\sim15\mu m$ 之间，微孔镍层的厚度设置在 $1\sim6\mu m$ 之间，铬层的厚度设置在 $0.15\sim0.6\mu m$ 之间。

所述微孔镍层的微孔数在 2 万以上；半光镍层和全光镍层之间的电位差在 $110\sim141mV$ 之间；半光镍层和高硫镍层之间的电位差在 $20\sim60mV$ 之间；全光镍层和微孔镍层之间的电位差在 $20\sim50mV$ 之间。

**产品特性**

（1）本品中的硫酸镍作为电镀的主盐，提供电镀过程中的阳离子；氯化镍作为电镀的活化剂，溶解镍板之用；硼酸是缓冲剂，起到稳定槽液 pH 值的效果；延展剂提高走位能力，确保镀层的均匀性；平整剂提高镀层表面的平整度和光亮度；润湿剂主要为了降低产品表面张力，增加浸润现象。

（2）配制不同的电镀液，先在紧固件的表面形成可提高防腐蚀性能的半光镍层，继续在半光镍层的表面依次形成高硫镍层和全光镍层，高硫镍层的介入，可将半光镍层和全光镍层之间的电位差提高至 $110\sim141mV$，提高材料的防腐性能；继续在全光镍层的表面电镀微孔数在 2 万以上的微孔镍层，微孔镍层的存在可阻断紧固件的腐蚀进程，进一步提高其防腐性能；最后在微孔镍层的上面电镀具有高硬度和高光亮度的铬层。

（3）本品电镀的紧固件各镀层之间紧密结合，层与层之间相互协助配合，使得紧固件具有高硬度和高光亮度，并提高了紧固件的耐腐蚀和耐磨损性能。

### 配方 10　氯化 1-庚基-3-甲基咪唑/氯化镍体系电镀液

**原料配比**

| 原料 | 配比（质量份） | | | | | | | | |
| --- | --- | --- | --- | --- | --- | --- | --- | --- | --- |
| | 1# | 2# | 3# | 4# | 5# | 6# | 7# | 8# | 9# |
| 氯化 1-庚基-3-甲基咪唑 | 620 | 622 | 622 | 623 | 623 | 624 | 624 | 625 | 625 |
| 氯化镍 | 314 | 312 | 314 | 313 | 314 | 313 | 312 | 313 | 310 |
| 氯化铁 | 34 | 33 | 31 | 32 | 31 | 32 | 34 | 33 | 33 |
| 乙二醇 | 8 | 7 | 6 | 7 | 8 | 6 | 5 | 7 | 7 |
| 明胶 | 1 | 1 | 2 | 2 | 3 | 1 | 3 | 2 | 3 |
| 氯化钠 | 23 | 25 | 24 | 23 | 21 | 24 | 22 | 20 | 22 |

**制备方法**　将各组分原料混合均匀即可。

**产品特性**　氯化 1-庚基-3-甲基咪唑/氯化镍体系电镀液的电化学窗口较宽，电沉积过程中副反应较少，得到的金属质量更高；电镀液的操作温度范围相对较宽，有利于研究电沉积对工艺的影响。此电镀液不存在水化、水解、析氢等问题，具有腐蚀小、污染小等绿色溶剂应具备的性质。

## 配方 11 镍的电镀液

### 原料配比

| 原料 | | 配比/g | | | | |
|---|---|---|---|---|---|---|
| | | 1# | 2# | 3# | 4# | 5# |
| 主盐 | 硫酸镍 | 20 | 30 | 25 | — | — |
| | 氯化镍 | — | — | — | 35 | 40 |
| 配位剂 | 苹果酸 | 40 | — | — | — | — |
| | 琥珀酸 | — | 6 | — | — | — |
| | 甘氨酸 | — | — | 50 | — | — |
| | 乳酸 | — | — | — | 70 | — |
| | 乙酸 | — | — | — | — | 80 |
| 导电盐 | 硫酸钾 | 30 | 40 | — | — | — |
| | 硫酸铵 | — | — | — | 60 | — |
| | 氯酸钾 | — | — | 50 | — | — |
| | 氯化铵 | — | — | — | — | 70 |
| 光亮剂 | 硫氰酸钾 | 0.04 | 0.02 | 0.07 | — | — |
| | 硫代硫酸钠 | — | — | — | 0.05 | 0.06 |
| 缓冲剂 | 碳酸氢钠 | 5 | — | — | — | — |
| | 碳酸氢钾 | — | 4 | — | — | — |
| | 硼酸 | — | — | 6 | 2 | — |
| | 柠檬酸 | — | — | — | — | 7 |
| 稳定剂 | 镉离子 | 0.04 | — | 0.45 | — | — |
| | 锡离子 | — | 0.06 | — | — | — |
| | 铅离子 | — | — | — | 0.05 | 0.07 |
| 添加剂 | | 4.5 | 5 | 4 | 6 | 7 |
| 水 | | 加至 1000mL | 加至 1000mL | 加至 1000mL | 加至 1000mL | 加至 1000mL |

**制备方法** 将各组分原料混合均匀即可。

**产品特性**

（1）本镍电镀液配方简单，易于操作，镀层均匀，均镀能力好；

（2）电镀条件温和，易于实现，受电流密度的影响较小；

（3）电镀的镍薄膜光亮效果好、均一性高、耐腐蚀性好；

（4）电镀的镍层效果好，避免起皮、起泡、麻点或黑点等现象；

（5）该电镀液可使形状复杂或有细小的深孔、盲孔的镀件获得质量较好的电镀表面；

（6）镀层结合强度良好，满足装饰性电镀和功能性电镀等多领域的应用。

## 配方 12 主盐为硫酸镍的镍电镀液

### 原料配比

| 原料 | 配比（质量份） | | 原料 | 配比（质量份） | |
|---|---|---|---|---|---|
| | 1# | 2# | | 1# | 2# |
| 硫酸镍 | 90 | 110 | 萘三磺酸 | 0.4 | 2 |
| 硫酸镍铵 | 50 | 70 | 丁炔二醇 | 1 | 3 |
| 配位剂 | 85 | 50 | 活性添加剂 | 2 | 1 |
| 辅助剂 | 10 | 2 | 水 | 400 | 400 |

**制备方法** 将各组分原料混合均匀即可。

**原料介绍**

所述的配位剂是乙醇酸、柠檬酸、酒石酸、水杨酸和苹果酸中的一种。

所述的辅助剂是甲酸、乙酸、丙酸、草酸和丁二酸中的一种。

所述的活性添加剂是硼的含氧酸盐或硅的含氧酸盐。

**产品应用** 本产品的镀镍方法：阳、阴极之间保持一定的间隙，阳极采用不溶性材料，例如石墨、不锈钢和白金；阳极电流密度为 $80\sim250A/dm^2$，pH 值为 $6\sim10$；阴、阳极之间可以相对运动，但保持相对距离不变；镀镍溶液由泵从盛液箱中吸出，喷射至阴极；本产品镀镍方法的阳极电流密度为 $100.5\sim150A/dm^2$，pH 值的最佳范围为 $7\sim9$。

**产品特性** 本产品可形成良好的镍镀层，镍镀层与工件结合强度好、强度高、耐腐蚀性好且环保无毒害。

## 配方 13 低硫含量的镍电镀液

**原料配比**

| 原料 | | 配比/g | | | | | | | |
|---|---|---|---|---|---|---|---|---|---|
| | | 1# | 2# | 3# | 4# | 5# | 6# | 7# | 8# |
| 主盐 | 硫酸镍 | 180 | 220 | 240 | 220 | 200 | 250 | 220 | 220 |
| 导电盐 | 氯化镍 | 40 | 45 | 48 | 50 | 50 | 40 | 45 | 45 |
| 稳定剂 | 硼酸 | 40 | 35 | 40 | 40 | 40 | 40 | 40 | 45 |
| 配位剂 | 水杨酸钠 | 5 | 8 | 8 | 10 | — | — | — | 5 |
| | 磺基水杨酸钠 | — | — | — | — | 10 | 10 | 10 | — |
| 光亮剂 | 炔丙醇 | — | — | — | — | — | — | 0.05 | 0.15 |
| | 己基硫酸钠 | 0.1 | 0.2 | 0.2 | 0.3 | 0.3 | 0.3 | 0.3 | — |
| | 炔丙醇乙氧基化合物 | — | — | 0.1 | 0.15 | — | — | — | — |
| | 丁炔二醇 | — | — | — | — | 0.15 | 0.15 | 0.3 | — |
| | 丁炔二醇乙氧基化合物 | — | — | — | — | — | — | — | 0.3 |
| 水 | | 加至 1000mL | 加至 1000mL | 加至 1000mL | 加至 1000mL | 加至 1000mL | 加至 1000mL | 加至 1000mL | 加至 1000mL |

**制备方法** 将各组分原料混合均匀即可。电镀液的 pH 值为 $3.8\sim5.2$。

**产品应用** 镀镍方法：

(1) 将金属镍放入所述镍电镀液中，作为阳极；

(2) 将待镀镍工件放入所述镍电镀液中，作为阴极；

(3) 通入直流电源，控制所述阴极电流密度为 $1\sim6A/dm^2$，电镀液的温度为 $50\sim60℃$，电镀时间为 $10\sim60min$，所述阴极电流密度为 $2\sim4A/dm^2$ 进行电镀。

**产品特性**

(1) 本品基本不含硫，电镀后的工件镍层与基体结合强度良好，并可以达到生产工艺清洁、环保的要求，可以替代传统的光亮镀镍工艺。

（2）本品电镀形成的镍层均匀，结晶细致，与基体结合强度良好，镀层耐盐雾试验良好，镀层厚度在 8μm 以上时，NSS 中性盐雾试验能够达到 24～72h。

## 配方 14　片式元器件电镀镍液

原料配比

| 原料 | | 配比/g | | |
|---|---|---|---|---|
| | | 1# | 2# | 3# |
| 主盐 | 硫酸镍 | 15 | — | — |
| | 氨基磺酸镍 | — | 20 | — |
| | 氯化镍 | — | — | 10 |
| 缓冲剂 | 四硼酸钠 | 40 | — | — |
| | 硼酸 | — | 45 | — |
| | 草酸钠 | — | — | 45 |
| 导电盐 | 硫酸钠 | 300 | — | — |
| | 氨基磺酸钠 | — | 400 | — |
| | 氯化钠 | — | — | 400 |
| 应力消除剂 | 双苯磺酰亚胺 | 0.1 | — | — |
| | 邻苯甲酰磺酰亚胺钠 | — | 0.05 | — |
| | 丙炔磺酸钠 | — | — | 0.05 |
| 稳定剂 | 乙二胺四乙酸二钠 | 10 | — | — |
| | 酒石酸钾钠 | — | 20 | — |
| | 海藻酸钠 | — | — | 20 |
| 去离子水 | | 加至 1000mL | 加至 1000mL | 加至 1000mL |

**制备方法**　将各组分原料混合均匀即可。该镍电镀液的 pH 值为 6.5～7.5。

**产品应用**　本品主要用于对片式元器件进行镍电镀处理。

**产品特性**

（1）本品具有无腐蚀性、电镀效率高、配方环保的优点，尤其适用于对片式元器件进行镍电镀处理。

（2）本品通过各组分的协同配合，在保证对产品零腐蚀的前提下，提高了电镀镍的效率，得到的镍层外观光亮而饱满、结晶均匀致密、硬度高、韧性和延展性都较好。本电镀液中镍含量很低，降低了污水处理的难度，减轻了三废治理负担，日常维护还能够减少镍离子的添加量，从而降低了生产成本。

## 配方 15　色泽均匀的连续电镀用不锈钢镀层电镀液

原料配比

| 原料 | 配比/g | | |
|---|---|---|---|
| | 1# | 2# | 3# |
| 氨基磺酸镍 | 470 | 500 | 490 |
| 硼酸 | 40 | 45 | 42 |
| 添加剂 | 100mL | 120mL | 110mL |
| 2-乙基乙烷基硫酸钠 | 1 | 3 | 2 |
| 水 | 加至 1000mL | 加至 1000mL | 加至 1000mL |

| 原料 | | 配比/g | | |
|------|------|------|------|------|
| | | 1# | 2# | 3# |
| 添加剂 | 羟基羧酸或氨基羧酸 | 10 | 25 | 16 |
| | 乳酸 | 5 | 15 | 9 |
| | 缓蚀剂 | 0.05 | 0.2 | 0.1 |
| | 表面活性剂 | 0.02 | 0.1 | 0.05 |
| | 缓冲剂 | 20 | 30 | 24 |
| | 光亮剂 | 0.22 | 0.22 | 0.22 |
| 水 | | 加至 100mL | 加至 100mL | 加至 100mL |

**制备方法**

(1) 向电镀槽中加入水，不超过开槽体积的一半；水的电导率不高于 $20\mu S/cm$。

(2) 向镀槽里加入氨基磺酸镍，加热至 55℃，缓慢加入硼酸和 2-乙基乙烷基硫酸钠，搅拌直到硼酸和 2-乙基乙烷基硫酸钠完全溶解。

(3) 硼酸溶解后，用具有活性炭滤芯的过滤机连续过滤 2h。

(4) 加入添加剂，补充液位至标准，用氨基磺酸调整 pH 值至 1~1.5，即制得色泽均匀的连续电镀用不锈钢镀层电镀液。

**产品特性** 经本电镀液电镀后的不锈钢表面均匀地形成一层含磷 7%~10%、含碲 0.5%~1% 的纳米级镍-磷-碲三元合金镀层，覆盖了不锈钢由于点处理不良经冲击镍后产生的蓝白钝化膜。电镀液使用的 pH 值为强酸性，镍层结晶细微致密，有良好的耐腐蚀性。

## 配方 16 镀镍用电镀液

**原料配比**

| 原料 | 配比/g | 原料 | 配比/g |
|------|--------|------|--------|
| 硫酸镍 | 250~350 | 柠檬酸钠 | 5~12 |
| 氯化镍 | 25~50 | 羧甲基纤维素钠(CMC) | 5~15 |
| 氯化钠 | 5~10 | 乙二醇 | 10~20 |
| 硫酸镁 | 3~5 | 辛基硫酸钠 | 3~10 |
| 硼酸 | 40~50 | 2-乙基己烷基硫酸钠 | 5~10 |
| 硫酸钠 | 40~60 | 水 | 加至 1000mL |

**制备方法** 将各组分原料混合均匀即可。

**产品特性** 与常规电镀液相比，在相同的电镀条件下，使用本电镀液可得到更致密紧实的半光亮镍镀层，镀层与被镀金属表面的结合能力强，不出现脱皮、脱落和针孔等现象，并可与其之上新的镀层紧密结合。

## 配方 17 新型氯化物的镀镍电镀液

原料配比

| 原料 | 配比(质量份) | | | | | | | | |
|---|---|---|---|---|---|---|---|---|---|
| | 1# | 2# | 3# | 4# | 5# | 6# | 7# | 8# | 9# |
| 溴化 N-正己基吡啶 | 170 | 175 | 180 | 170 | 175 | 180 | 170 | 175 | 180 |
| 氯化镍 | 55 | 60 | 65 | 60 | 65 | 55 | 65 | 55 | 60 |
| 四氟硼酸铵 | 70 | 75 | 80 | 75 | 80 | 75 | 80 | 70 | 70 |
| 丙酮 | 695 | 680 | 665 | 685 | 670 | 680 | 675 | 690 | 680 |
| 四氟硼酸 | 4 | 3 | 5 | 3 | 4 | 4 | 5 | 5 | 3 |
| 硼酸 | 6 | 7 | 5 | 7 | 6 | 6 | 5 | 5 | 7 |

**制备方法** 将各组分原料混合均匀即可。

**产品特性** 该电镀液的电化学窗口较宽,电沉积过程中副反应较少,得到的金属质量更高。

## 配方 18 新型四氟硼酸镍的镀镍电镀液

原料配比

| 原料 | 配比(质量份) | | | | | | | | |
|---|---|---|---|---|---|---|---|---|---|
| | 1# | 2# | 3# | 4# | 5# | 6# | 7# | 8# | 9# |
| 溴化 N-正丙基吡啶 | 155 | 160 | 165 | 155 | 160 | 165 | 155 | 160 | 165 |
| 四氟硼酸镍 | 40 | 45 | 50 | 45 | 50 | 40 | 50 | 40 | 45 |
| 四氟硼酸铵 | 85 | 85 | 85 | 80 | 80 | 80 | 75 | 75 | 75 |
| 丙酮 | 710 | 700 | 690 | 710 | 700 | 705 | 710 | 715 | 705 |
| 四氟硼酸 | 3 | 4 | 3 | 4 | 3 | 4 | 4 | 5 | 5 |
| 硼酸 | 4 | 2 | 4 | 3 | 4 | 2 | 2 | 3 | 3 |
| 氯化钠 | 3 | 4 | 3 | 3 | 3 | 4 | 4 | 1 | 2 |

**制备方法** 将各组分原料混合均匀即可。

**产品特性** 该电镀液的电化学窗口较宽,电沉积过程中副反应较少,得到的金属质量更高;此电镀液不存在水化、水解、析氢等问题,具有腐蚀小、污染小等绿色溶剂应具备的性质。

## 配方 19 硬质耐磨电镀液

原料配比

| 原料 | 配比(质量份) | | |
|---|---|---|---|
| | 1# | 2# | 3# |
| 氨基磺酸 | 2 | 5 | 6 |
| 酒石酸钾钠 | 1 | 4 | 6 |
| 碳纳米纤维 | 4 | 7 | 11 |
| 正辛基硫酸钠 | 15 | 19 | 20 |
| 硫酸镍溶液 | 40 | 46 | 50 |

**制备方法** 将各组分原料混合均匀即可。

**原料介绍** 所述硫酸镍溶液的浓度为150～210g/L。

**产品特性** 本硬质耐磨电镀液组分稳定，制得的电镀层耐磨性能好、硬度高，长期使用不起皮、划痕少，电镀层不易出现斑点腐蚀，使用寿命长。

### 配方20 镀层为黑镍的电镀液

原料配比

| 原料 | 配比(质量份) | | |
| --- | --- | --- | --- |
| | 1# | 2# | 3# |
| 水 | 100 | 100 | 100 |
| 硫酸 | 95 | 110 | 80 |
| 二氧化硒 | 0.2 | 0.3 | 0.1 |
| 硫酸铜 | 7 | 6 | 9 |
| 过硫酸铵 | 6 | 4 | 7 |
| 磷酸 | 160 | 170 | 150 |

**制备方法** 将所述二氧化硒加入水中，加热使二氧化硒溶解于水中，再加入硫酸、硫酸铜、过硫酸铵和磷酸，搅拌混合得到电镀液。加热温度为50～80℃。

**原料介绍** 所述硫酸质量分数为98%。

**产品特性** 采用此电镀液电镀能改变金属表面的硬度，提高金属镀件的耐磨性能，使金属镀件具有非常好的焊接能力。金属镀件表面的黑镍镀层使用时间长，不容易脱落、变色。

### 配方21 用于铀箔镀镍的电镀液

原料配比

| 原料 | | 配比/g | | | |
| --- | --- | --- | --- | --- | --- |
| | | 1# | 2# | 3# | 4# |
| 金属离子盐 | 氨基磺酸镍 | 400 | 500 | — | — |
| | 甲基磺酸镍 | — | — | 400 | 500 |
| 导电盐 | 氯化镍 | 3 | 8 | — | — |
| | 溴化镍 | — | — | 3 | 8 |
| 光亮剂 | 二氧化硅 | 0.01 | 0.05 | — | — |
| | 乙烯基磺酸钠 | — | — | 0.01 | 0.05 |
| 整平剂 | 十二烷基磺酸钠 | 5 | 20 | — | — |
| | $N,N$-二乙基丙炔胺硫酸盐 | — | — | 5 | 20 |
| | 去离子水 | 加至1000mL | 加至1000mL | 加至1000mL | 加至1000mL |

**制备方法** 将各组分原料混合均匀即可。

**原料介绍** 所述光亮剂的平均粒度为0.01～1μm。

铀箔镀镍的方法：将阴极铀箔与阳极镍箔置于该电镀液中进行电镀，电镀温度为35～50℃，电镀电压为10～30V，电镀电流密度为10～30A/dm²，电镀时间为20～40min。

**产品特性** 本品可以大幅度提高均镀能力，减少镀层空隙，能够满足低浓铀箔靶件制靶要求，为完成靶件制备提供基础。同时，采用本电镀液及其电镀方法完成电镀流程产生的废液少，可减轻对环境的污染，利于环境保护。

## 配方 22　运用于气体管路的镍电镀液

**原料配比**

| 原料 | 配比（质量份） | | |
| --- | --- | --- | --- |
| | 1# | 2# | 3# |
| 硫酸镍 | 18 | 8 | 12 |
| 氯化镍 | 13 | 16 | 15 |
| 维生素 E 乙酸酯 | 2 | 5 | 3 |
| 硅酸钠盐 | 0.6 | 1.5 | 0.9 |
| 功能分子 | 5 | 8 | 6 |
| 水杨酸 | 10 | 5 | 7 |
| 草酸 | 10 | 12 | 7 |
| 丁二酸 | 8 | 8 | 15 |
| EDTA | 2 | 4 | 3 |
| 萘三磺酸钠 | 5 | 8 | 7 |
| 苯甲酸钠 | 15 | 19 | 17 |
| 去离子水 | 98 | 75 | 79 |

**制备方法**　将各组分原料混合均匀即可。

**原料介绍**　所述功能分子具有如下结构：

R 为二甲氨基或者二乙氨基。

**应用方法**：将上述原料加热至 98℃，然后将工件放入电镀液中进行电镀。

**产品特性**　本品中的功能分子与其他组分相互作用不仅具有较好的抗腐蚀性，而且具有较好的稳定性，且绿色无污染。

# 2

# 镀铬液

## 配方1 插秧机船板用电镀液

原料配比

| 原料 | 配比/g | | |
|---|---|---|---|
| | 1# | 2# | 3# |
| 铬酐 | 150 | 300 | 225 |
| 硫酸 | 1.3 | 3.09 | 2.3 |
| 三价铬 | 2 | 6 | 2 |
| 硬铬添加剂 | 8mL | 10mL | 10mL |
| DW-026铬雾抑制剂 | 0.02 | 0.04 | 0.03 |
| 去离子水 | 加至1000mL | 加至1000mL | 加至1000mL |

**制备方法** 将各组分原料混合均匀即可。

**产品特性** 本品能够有效地提高船板的耐腐蚀性能及耐磨性能，保证了插秧机的使用寿命。

## 配方2 常温环保型三价铬电镀液

原料配比

| 原料 | 配比/g | | |
|---|---|---|---|
| | 1# | 2# | 3# |
| 三氯化铬 | 150 | 200 | 180 |
| 尿素 | 20 | 10 | 15 |
| 硫氰酸钠 | 20 | 40 | 30 |
| 氯化钾 | 50 | 40 | 45 |
| 硼酸 | 10 | 20 | 15 |
| 草酸铵 | 12 | 10 | 12 |
| 溴化铵 | 12 | 15 | 15 |
| 香豆素 | 0.5 | 0.2 | 0.4 |
| 十二烷基硫酸钠 | 0.1 | 0.5 | 0.3 |
| 磺基丁二酸二辛酯 | 0.1 | 0.02 | 0.05 |
| 去离子水 | 加至1000mL | 加至1000mL | 加至1000mL |

**制备方法** 将各原料直接加入水中搅拌溶解即可。

**产品应用** 本品的电镀方法：高纯石墨作为阳极放入电镀液中，对工件进行常规脱脂处理，水洗干净后放入电镀液中作为阴极，在温度为20～25℃、电流密度为8～12A/dm² 的条件下，电镀20～30min即可沉积得到厚度为15～20$\mu$m的铬镀层。

**产品特性** 本品的创新点在于配位剂的改进。采用尿素、硫氰酸钠复配来替代现有技术中的硫代硫酸钾，可以大大降低配位剂对镀层和工件基体结合力的不利影响，提高镀层沉积速度和镀层硬度。

## 配方3 低浓度硫酸盐三价铬快速镀铬电镀液

**原料配比**

| 原料 | | 配比/g | | |
|---|---|---|---|---|
| | | 1# | 2# | 3# |
| 主盐 | $Cr_2(SO_4)_3 \cdot 6H_2O$ | 25 | — | 20 |
| | $KCr(SO_4)_2 \cdot 12H_2O$ | — | 35 | — |
| 主配位剂 | 丙二酸 | 5 | 4 | — |
| | 甲酸钠 | 4 | — | — |
| | 草酸 | — | 2 | — |
| | 丙二酸钠 | — | — | 5 |
| | 乙酸钠 | — | — | 3.5 |
| 辅助配位剂 | 酒石酸 | 3 | — | — |
| | 氨基乙酸 | — | 2.5 | — |
| | 苹果酸 | — | — | 2 |
| 导电盐 | 硫酸钾 | 115 | — | — |
| | 硫酸钠 | — | 100 | — |
| | 硫酸铵 | — | — | 90 |
| 缓冲剂 | 氨基乙酸 | 95 | — | — |
| | 硼酸 | — | 80 | — |
| | 乙酸钠 | — | — | 65 |
| 表面活性剂 | 十二烷基硫酸钠 | 0.01 | — | — |
| | 平平加 | 0.02 | — | — |
| | 聚氧乙烯醚 | — | 0.06 | — |
| | 聚乙二醇 | — | 0.15 | — |
| | 十二烷基苯磺酸钠 | — | — | 0.12 |
| | 明胶 | — | — | 0.3 |
| 光亮剂 | 硫脲 | 0.35 | — | — |
| | 苯磺酸钠 | 0.235 | — | — |
| | 苯基聚二硫丙烷磺酸钠 | — | 0.16 | — |
| | $N,N$-二甲基二硫代氨基甲酰基丙磺酸钠 | — | — | 0.075 |
| 去离子水 | | 加至1000mL | 加至1000mL | 加至1000mL |

**制备方法**

（1）在水中加入主盐、主配位剂、辅助配位剂，搅拌溶解并在55～70℃保温2h得溶液A；

（2）在溶液A中加入导电盐、缓冲剂，搅拌溶解得溶液B；

（3）在溶液B中加入表面活性剂及光亮剂，并加水至所需体积得溶液C；

(4) 调节溶液 C 的 pH 至 2.5～4.0 后，即得到所述电镀液。

**产品应用** 本品是一种低浓度硫酸盐三价铬快速镀铬电镀液。

使用方法：电镀液使用温度为 40～55℃，阴极电流密度为 1.5～20A/dm²，电镀液的 pH 范围为 2.5～4.0，电镀时间为 1～120min，电镀液循环过滤并且适当搅拌。

使用本品进行电镀时，采用 DSA（钛合金表面涂铱氧化物等涂层）材料作为阳极。DSA 阳极可以降低氧的析出电位，防止三价铬在阳极氧化，提高了镀液的稳定性。

**产品特性**

(1) 本品在铬盐浓度低的情况下仍然能达到镀层沉积速度快（0.25μm/min）的效果，远高于市售装饰性硫酸盐三价铬电镀液的镀层沉积速度（0.06μm/min），且得到的三价铬镀层光亮、均匀，与铜、镍等基体材料有较强的结合力。

(2) 镀液为全硫酸盐体系，不含有卤素化合物，且不添加稀土元素，原材料易得，是一种经济环保型电镀液，工艺稳定性好且易调整。

## 配方 4　黑铬电镀液

**原料配比**

| 原料 | | 配比/g | | |
|---|---|---|---|---|
| | | 1# | 2# | 3# |
| 三价铬盐 | 氯化铬 | 110 | 135 | 140 |
| 缓冲剂 | 硼酸 | 60 | 65 | 65 |
| 导电盐 | 氧化钾 | 120 | 150 | 170 |
| | 氧化铵 | 90 | 70 | 65 |
| | 溴化钾 | 22 | 15 | 15 |
| 配位剂 | 甲酸铵 | 30 | 25 | 25 |
| | 琥珀酸铵 | 20 | 25 | 35 |
| | 乙酸铵 | 30 | 25 | 25 |
| | 乙醇酸胺 | 20 | 25 | 35 |
| | 苹果酸 | 8 | — | 6 |
| | 苹果酸胺 | — | 6 | — |
| 润湿剂 | 丁二酸二己酯磺酸钠 | 0.05 | 0.08 | 0.12 |
| 其他添加剂 | 硫酸亚铁铵 | 0.8 | 1.0 | 1.2 |
| 发黑剂 | 蛋氨酸 | 15 | 10 | 8 |
| | 硫氰化钾 | 8 | 3.5 | 5 |
| | 天冬氨酸 | 8 | 8 | 13 |
| 去离子水 | | 加至 1000mL | 加至 1000mL | 加至 1000mL |

**制备方法** 将各组分原料混合均匀即可。

**产品特性** 采用该黑铬电镀液电镀形成的三价黑铬镀层的黑色深，均匀覆盖能力强，并能够与光亮铜层、半光亮镍层、光亮镍层、微孔镍层及钝化膜层相配合，使整体获得的复合镀层具有强耐腐性并呈均匀深黑色。

## 配方5 环保三价铬电镀液

**原料配比**

| 原料 | 配比(质量份) 1# | 配比(质量份) 2# | 原料 | 配比(质量份) 1# | 配比(质量份) 2# |
|------|------|------|------|------|------|
| 硫酸铬 | 10 | 12 | 硫酸亚铁 | 5 | 8 |
| 硫酸镍 | 10 | 12 | 氢氧化钴 | 5 | 8 |
| 硫酸铁 | 10 | 12 | 次磷酸钠 | 8 | 10 |
| 硫酸铜 | 8 | 10 | 次磷酸钾 | 8 | 10 |
| 硫酸锌 | 5 | 10 | 门冬氨酸 | 5 | 6 |
| 硫酸钾 | 5 | 8 | N-苯氨基乙酸 | 6 | 10 |
| 硼酸钾 | 8 | 10 | 肌酸乙酯盐酸盐 | 6 | 10 |
| 硼酸铁 | 10 | 13 | 氨基丙酸 | 6 | 8 |
| 硼酸铜 | 5 | 8 | 去离子水 | 200 | 150 |
| 碳酸钠 | 5 | 10 | | | |

**制备方法** 将各组分原料混合均匀即可。

**产品特性** 本品镀层结合力较强，机械性能优越，不含氯化物，清洁无污染，外观光亮，无裂纹。

## 配方6 环保硬铬电镀液

**原料配比**

| 原料 | | 配比/g 1# | 配比/g 2# | 配比/g 3# |
|------|------|------|------|------|
| 铬盐 | 草酸铬 | 100 | — | — |
| | 丙酸铬 | — | 150 | — |
| | 丁酸铬 | — | — | 200 |
| 导电盐 | 硫酸铵 | 100 | — | 300 |
| | 硫酸钾 | — | 200 | 100 |
| 添加剂 | 草酸 | 50 | — | — |
| | 丙二酸 | — | 30 | — |
| | 丁二酸 | — | — | 50 |
| | 草酸盐 | 50 | — | — |
| | 丙二酸钠 | — | 40 | 50 |
| 水 | | 加至1000mL | 加至1000mL | 加至1000mL |

**制备方法** 将各组分原料混合均匀即可。

所述环保硬铬电镀液的 pH 值为 1.5～2.0，用氢氧化钠或硫酸调节。

**产品应用** 电镀工艺包括以下步骤：

(1) 将石墨板放入上述环保硬铬电镀液中，作为阳极；

(2) 将工件放入上述环保硬铬电镀液中，作为阴极；

(3) 通入直流电源，阴极电流密度为 $10～20A/dm^2$，电镀液温度为 50～60℃，电镀时间为 5～20min。

**产品特性**

（1）该环保硬铬电镀液及其电镀工艺具有沉积的铬层硬度高、耐蚀能力强、不含六价铬、安全无毒等优点，可广泛应用于电镀领域。

（2）本品通过在电镀液中加入添加剂，使铬层在中性盐雾试验中的抗腐蚀能力达到 200h 以上。

（3）本品通过在电镀液中加入添加剂，使铬层的硬度达到 HV1000。

（4）本品通过在电镀液中加入添加剂，使铬层的厚度达到 $2\mu m$ 以上。

（5）本品不含六价铬，无毒环保。

## 配方 7 硫酸盐三价铬电镀液

**原料配比**

<table>
<tr><th colspan="2" rowspan="2">原料</th><th colspan="5">配比/g</th></tr>
<tr><th>1#</th><th>2#</th><th>3#</th><th>4#</th><th>5#</th></tr>
<tr><td rowspan="3">导电盐</td><td>硫酸钠</td><td>200</td><td>—</td><td>50</td><td>50</td><td>—</td></tr>
<tr><td>硫酸钾</td><td>—</td><td>210</td><td>150</td><td>150</td><td>150</td></tr>
<tr><td>硫酸铵</td><td>—</td><td>—</td><td>—</td><td>30</td><td>50</td></tr>
<tr><td>缓冲盐</td><td>硼酸</td><td>90</td><td>100</td><td>90</td><td>90</td><td>90</td></tr>
<tr><td rowspan="2">三价铬离子</td><td>碱式硫酸铬</td><td>60</td><td>60</td><td>60</td><td>60</td><td>—</td></tr>
<tr><td>氢氧化铬</td><td>—</td><td>—</td><td>—</td><td>—</td><td>25</td></tr>
<tr><td rowspan="3">配位剂</td><td>苹果酸</td><td>15</td><td>15</td><td>15</td><td>—</td><td>10</td></tr>
<tr><td>柠檬酸</td><td>—</td><td>—</td><td>—</td><td>15</td><td>5</td></tr>
<tr><td>甲酸</td><td>1</td><td>1</td><td>1</td><td>1</td><td>1</td></tr>
<tr><td rowspan="2">C—S 化合物</td><td>硫脲</td><td>0.005</td><td>0.005</td><td>—</td><td>—</td><td>—</td></tr>
<tr><td>烯丙基硫脲</td><td>—</td><td>—</td><td>0.006</td><td>0.006</td><td>0.008</td></tr>
<tr><td colspan="2">糖精钠反应产物</td><td>3</td><td>—</td><td>3</td><td>3</td><td>4</td></tr>
<tr><td colspan="2">糖精钠</td><td>—</td><td>3</td><td>—</td><td>—</td><td>—</td></tr>
<tr><td rowspan="2">光亮剂</td><td>烯丙基磺酸钠</td><td>0.5</td><td>0.5</td><td>—</td><td>—</td><td>—</td></tr>
<tr><td>乙烯基磺酸钠</td><td>—</td><td>—</td><td>0.5</td><td>0.5</td><td>0.5</td></tr>
<tr><td>润湿剂</td><td>丁二酸二己酯磺酸钠</td><td>0.5</td><td>0.5</td><td>0.5</td><td>—</td><td>—</td></tr>
<tr><td>除杂剂</td><td>二乙基己基硫酸钠</td><td>—</td><td>—</td><td>—</td><td>0.5</td><td>0.8</td></tr>
<tr><td colspan="2">水</td><td>加至 1000mL</td><td>加至 1000mL</td><td>加至 1000mL</td><td>加至 1000mL</td><td>加至 1000mL</td></tr>
</table>

**制备方法**

（1）将槽体用 1%（体积分数）的硫酸浸泡，清洗干净；

（2）往槽体中注入 80% 的去离子水，加热至 55℃；

（3）加入所需数量的导电盐和缓冲盐，搅拌槽液确保完全溶解；

（4）加入已络合好的三价铬离子溶液；

（5）充分混合均匀，并用 25% 的氢氧化钠溶液调节 pH 值至 3.5，反复测试，直至稳定；

（6）加入既定量的光亮剂、润湿剂和除杂剂等，即制得硫酸盐三价铬电镀液。

**产品特性** 本品电镀所得三价铬镀层白亮、细腻，镀层沉积速率快，覆盖能力和均镀能力优越。

## 配方 8 硫酸盐镀铬电镀液

**原料配比**

| 原料 | | 配比（质量份） | | |
|---|---|---|---|---|
| | | 1# | 2# | 3# |
| 导电盐 | | 30 | 35 | 23 |
| A制剂 | | 20 | 16 | 25 |
| B制剂 | | 6 | 8 | 10 |
| C制剂 | | 0.5 | 1.5 | 2 |
| D制剂 | | 1 | 1.5 | 0.5 |
| 润湿剂 | | 0.3 | 0.5 | 0.6 |
| 去离子水 | | 加至100 | 加至100 | 加至100 |
| 导电盐 | 硫酸钾 | 46 | 42 | 38 |
| | 硫酸钠 | 15 | 19 | 20 |
| | 硫酸铵 | 8 | 6 | 9 |
| | 硫酸镁 | 9 | 5 | 10 |
| | 硼酸 | 22 | 28 | 23 |
| A制剂 | 硫酸铬 | 45 | 38 | 32 |
| | 配位剂 | 16 | 19 | 12 |
| | 纯净水 | 加至100 | 加至100 | 加至100 |
| B制剂 | 甲酸、羟基乙酸、苹果酸、酒石酸和氨三乙酸的混合物 | 10~50 | — | — |
| | 乳酸、苹果酸和氨三乙酸的混合物 | — | 10~50 | — |
| | 乳酸、苹果酸、酒石酸和氨三乙酸的混合物 | — | — | 10~50 |
| | 去离子水 | 加至100 | 加至100 | 加至100 |
| C制剂 | 硫代尿素 | 2~20 | — | — |
| | 硫代尿素和硫代硫酸钠的混合物 | — | 2~20 | — |
| | 硫代硫酸钠 | — | — | 2~20 |
| | 去离子水 | 加至100 | 加至100 | 加至100 |
| D制剂 | 甲醛衍生物与乙醛衍生物的混合物 | 2~20 | — | — |
| | 甲醛、乙醛和甲醛衍生物的混合物 | — | 2~20 | — |
| | 乙醛 | — | — | 2~20 |
| | 去离子水 | 加至100 | 加至100 | 加至100 |
| 润湿剂 | 烷基磺酸钠与磺基琥珀酸酯钠盐的混合物 | 1~10 | 1~10 | 1~10 |
| | 去离子水 | 加至100 | 加至100 | 加至100 |

**制备方法**

（1）首先，按质量比分别称取导电盐、A制剂、B制剂、C制剂、D制剂、润湿剂和去离子水，接着，将去离子水注入采用PVC、ABS或聚乙烯材料制成的反应槽内，反应槽的电源采用直流电，然后，将注入反应槽内的去离子水加热到60~70℃。

（2）将导电盐加入反应槽内，搅拌至完全溶解。

（3）将A制剂和B制剂投入反应槽内，搅拌至完全溶解或搅拌均匀，将反应槽的温度设置为60℃保温8h。

（4）根据生产的需要调节反应槽内液体的pH值，反应槽内液体的pH值上调采用浓度为1.5mol/L的NaOH溶液，反应槽内液体的pH值下调采用浓度为

3mol/L 的稀硫酸。

（5）将 C 制剂、D 制剂和润湿剂投入恒温（60℃）反应槽内，搅拌至完全溶解或搅拌均匀，以 $10\sim15A/dm^2$ 的电流密度电解反应槽内液体 $2\sim4h$ 便制得硫酸盐三价铬电镀液。该硫酸盐三价铬电镀液的电流密度范围能扩大至 $5\sim75A/dm^2$。

**产品特性** 本品能在 25~40℃下获得外观良好的三价铬镀层，镀层的 Lab 颜色可根据电镀的需要在一定范围内自由调整（能从银白色调整至棕黑色），且该电镀液具有稳定性好、覆盖能力强、均镀能力好和环保的优点。采用本品电镀出来的工件抗腐蚀性强、硬度大、导电性强、光滑性好、耐热性和耐磨性强。其铬层的沉积速率达到 $0.1\sim0.2\mu m/min$，镀层厚度达到 $1\mu m$ 以上，电流密度范围能扩大至 $5\sim75A/dm^2$，在保证工艺质量的情况下节约电能、降低使用成本，其不但解决了六价铬溶液和三价铬电镀液体系中的氯化物在电镀中对环境造成的污染问题，还解决了三价铬电镀液体系中硫酸盐体系在电镀中具有耗电量大、沉积速率慢、镀层厚度薄、电流密度范围狭窄和工件颜色电镀不均匀的问题。

### 配方 9  硫酸盐三价铬镀铬电镀液

**原料配比**

| 原料 | 配比/g | | | |
| --- | --- | --- | --- | --- |
| | 1# | 2# | 3# | 4# |
| 主盐 | 60 | 70 | 80 | 25 |
| 导电盐 | 120 | 80 | 40 | 150 |
| 光亮剂 | 0.75 | 0.25 | 1.15 | 0.05 |
| 稳定剂 | 2 | 5 | 0.2 | 6 |
| 表面活性剂 | 8 | 4 | 10 | 2 |
| 配位剂 | 60 | 40 | 30 | 100 |
| 水 | 加至 1000mL | 加至 1000mL | 加至 1000mL | 加至 1000mL |

**制备方法** 取三分之二去离子水，加入主盐、导电盐和配位剂，加热、搅拌、溶解，于 82~96℃保温 1.5h 以上，加入光亮剂、稳定剂和表面活性剂，用 20％硫酸或 20％氢氧化钠调节溶液 pH 值为 2.8~5.3，补充去离子水至规定体积。

**原料介绍**

所述主盐为硫酸铬。

所述导电盐为硫酸铵、硫酸钠、硫酸钾中任意两种或两种以上。

所述光亮剂为聚乙烯亚胺、联吡啶、2-巯基苯并噻唑、2-巯基苯并咪唑、碘化四异丙铵、丙炔醇、丁炔醇、丁炔二醇中任意两种或两种以上。

所述稳定剂为盐酸羟胺或抗坏血酸。

所述表面活性剂为聚乙烯醚和聚乙二醇、聚乙烯醇的混合物。

所述配位剂为丙酸、氨基乙酸、丁二酸、乙酸、草酸中任意两种或两种以上。

**产品应用** 电镀液的应用方法包括以下步骤：

（1）将待电镀零部件按下述工序清洁干净：水砂纸打磨→超细抛光→化学抛

光→TOS 处理液处理→去离子水洗涤；

（2）将清洗后的工件带电放入镀槽，控制镀液的温度为 33～65℃，以工件为阴极，以惰性电极为阳极，控制电流密度为 2.7～12A/dm²、电镀时间为 60～90s 进行电镀；

（3）将电镀好的工件捞出，热风吹干即可。

**产品特性**　在含有硫酸铬和导电盐的基础电镀液中，添加胺化合物如聚乙烯亚胺、含氮、含硫有机物和炔醇等作为光亮剂；添加盐酸羟胺或抗坏血酸以稳定镀液中的三价铬离子；添加聚醚、聚醇类等物质为表面活性剂；添加低碳链物质如草酸、丙酸、氨基乙酸、丁二酸等以络合三价铬离子，大幅度促进三价铬络合离子的阴极还原，提高镀液对杂质的容忍能力和稳定性。光亮剂和表面活性剂也可以促进三价铬离子的阴极还原，配合恰当的工艺加工参数，如电流密度、镀液温度、镀液 pH 值等，更是可以起到协同增效的作用，大幅度提高各组分的反应效果，确保镀层具有优异的外观、形态、结构、结合力及抗腐蚀能力，不会出现针孔、条纹等表面缺陷。

## 配方 10　三价铬电镀液

**原料配比**

| 原料 | 配比（质量份） | | 原料 | 配比（质量份） | |
|---|---|---|---|---|---|
| | 1# | 2# | | 1# | 2# |
| 硫酸羟铬 | 10 | 15 | 四丁基硫酸氢铵 | 2 | 3 |
| 三氯化铬 | 8 | 10 | 盐酸 | 8 | 10 |
| 硝酸钴 | 5 | 8 | 草酸 | 5 | 8 |
| 硫酸铝 | 3 | 5 | 焦磷酸钠 | 1 | 3 |
| 碳酸钾 | 3 | 5 | 焦磷酸二氢钠 | 2 | 3 |
| 硝酸钾 | 5 | 8 | 甘氨酸 | 2 | 3 |
| 氯化铵 | 3 | 5 | 氨基己酸 | 3 | 4 |
| 十八烷基二甲基苄基氯化铵 | 2 | 3 | 去离子水 | 80 | 100 |
| 四丁基溴化铵 | 1 | 2 | | | |

**制备方法**　将各组分原料混合均匀即可。

**产品特性**　本品进行镀铬过程中仅析出氧气，清洁无污染；镀层光亮、裂纹少、结合强度好；原料来源丰富、成本较低，具有优良的性价比；电镀液稳定性好，有助于其工业化推广。

## 配方 11　以硫酸铬为主盐的铬电镀液

**原料配比**

| 原料 | | 配比/（mol/L） | | | |
|---|---|---|---|---|---|
| | | 1# | 2# | 3# | 4# |
| 硫酸铬 | | 0.1 | 0.12 | 0.13 | 0.15 |
| 葡萄糖酸钠 | | 0.25 | 0.3 | 0.35 | 0.35 |
| 柠檬酸 | | 0.8 | 0.85 | 0.9 | 1 |
| 硫酸铝 | | 0.1 | 0.12 | 0.15 | 0.15 |
| 十二烷基葡萄糖酸钠 | | 0.002 | 0.003 | 0.004 | 0.004 |
| 配位剂 | A 酸 | 0.2 | 0.6 | 0.8 | 1.0 |
| | B 酸 | 0.2 | 0.2 | 0.04 | 0.5 |
| 稳定剂 | | 1（体积份） | 15（体积份） | 20（体积份） | 30（体积份） |

| 原料 | | 配比/(mol/L) | | | |
|---|---|---|---|---|---|
| | | 1# | 2# | 3# | 4# |
| 去离子水 | | 加至1000mL | 加至1000mL | 加至1000mL | 加至1000mL |
| 稳定剂 | 甲醇 | 0.5 | 0.5 | 2.5 | 3.5 |
| | 亚硫酸钠 | 0.2 | 0.3 | 2.6 | 3.5 |
| | 硫酸亚铁 | 0.3 | 1.5 | 2.2 | 3.0 |

**制备方法**

(1) 将硫酸铬加入去离子水中,搅拌至溶解得到硫酸铬溶液;将柠檬酸加入55~75℃的去离子水中,搅拌至溶解得到柠檬酸溶液。

(2) 将硫酸铬溶液与柠檬酸溶液混合,加入配位剂,在40~80℃下搅拌0.5~3h,依次加入葡萄糖酸钠、硫酸铝、稳定剂和十二烷基葡萄糖酸钠,边加边搅拌,直至溶解,并在40~80℃下搅拌2~4h。

(3) 添加去离子水至电镀液体积的90%。

(4) 调节溶液的pH值在2.0~3.5,定容,静置8~12h后使用。

**原料介绍**  所述稳定剂为以下物质组成的水溶液:甲醇2~3mol/L、亚硫酸钠2~3mol/L、硫酸亚铁1~2mol/L。

所述配合剂为A酸与B酸组成的混合物,所述A酸为甲酸、乙酸、草酸、羟基乙酸或乳酸中的一种,所述B酸为苹果酸、酒石酸、丙二酸、氨基乙酸、氨三乙酸中的一种。

所述A酸与B酸的体积比为(1:0.5)~(1:2.5)。

**产品应用**  电镀前工件需依次经过除油、水洗、酸蚀、水洗。电镀的工艺参数:工作温度35~40℃,电流密度2~20A/dm²,电镀液pH值2.0~3.5,电镀时间2~20min,阳极为钛基二氧化铱电极(优选钛铱阳极),阴、阳极面积比为2:1,阴极析氢搅拌。该工艺参数配上上述配比的电镀液,可有效增强电镀液的稳定性。

**产品特性**

(1) 本电镀液性能稳定、使用寿命长、制备方法简单、易于操作且镀层质量好,具有很好的应用前景和使用价值。

(2) 本品电镀过程中阳极仅析出氧气,清洁无污染。

(3) 该电镀液的光亮区电流密度范围宽,pH值能长期保持稳定,操作简单。

(4) 本电镀液引入稳定剂后,有效提高了电镀液的稳定性,有助于其工业化推广。

## 配方12  以三氯化铬为主盐的三价铬电镀液

**原料配比**

| 原料 | 配比/(mol/L) | | | |
|---|---|---|---|---|
| | 1# | 2# | 3# | 4# |
| 六水三氯化铬 | 0.2 | 0.25 | 0.3 | 0.35 |
| 葡萄糖酸钠 | 0.25 | 0.3 | 0.35 | 0.35 |
| 氨基乙酸 | 2.0 | 3.5 | 4.0 | 4.5 |
| 硫酸铝 | 0.1 | 0.12 | 0.15 | 0.15 |
| 十二烷基葡萄糖酸钠 | 0.002 | 0.003 | 0.004 | 0.004 |

| 原料 | | 配比/(mol/L) | | | |
|---|---|---|---|---|---|
| | | 1# | 2# | 3# | 4# |
| 配位剂 | A酸 | 0.2 | 0.6 | 0.8 | 1.0 |
| | B酸 | 0.2 | 0.6 | 0.04 | 0.5 |
| 稳定剂 | | 1(体积份) | 15(体积份) | 20(体积份) | 30(体积份) |
| 去离子水 | | 加至1000mL | 加至1000mL | 加至1000mL | 加至1000mL |
| 稳定剂 | 甲醇 | 0.5 | 0.5 | 2.5 | 3.5 |
| | 亚硫酸钠 | 0.2 | 0.3 | 2.6 | 3.5 |
| | 硫酸亚铁 | 0.3 | 1.5 | 2.2 | 3.0 |

**制备方法**

(1) 将六水三氯化铬溶于去离子水中，搅拌至溶解得到六水三氯化铬溶液；将氨基乙酸溶于55～75℃的去离子水中，搅拌至溶解得到氨基乙酸溶液。

(2) 将六水三氯化铬溶液与氨基乙酸溶液混合，加入配位剂，在40～80℃下搅拌0.5～3h，依次加入葡萄糖酸钠、硫酸铝、稳定剂和十二烷基葡萄糖酸钠，边加边搅拌，直至溶解，并在40～80℃下搅拌2～4h。

(3) 添加去离子水至电镀液体积的90%。

(4) 调节溶液的pH值在2.0～3.5，定容，静置8～12h后使用。

**原料介绍** 所述稳定剂为以下物质组成的水溶液：甲醇2～3mol/L、亚硫酸钠2～3mol/L、硫酸亚铁1～2mol/L。

所述络合剂为A酸与B酸组成的混合物，所述A酸为甲酸、乙酸、草酸、羟基乙酸或乳酸中的一种，所述B酸为苹果酸、酒石酸、丙二酸、氨基乙酸、氨三乙酸中的一种。

所述A酸与B酸的体积比为1:(0.5～2.5)。

**产品应用** 电镀前工件需依次经过除油、水洗、酸蚀、水洗。电镀的工艺参数：工作温度35～40℃，电流密度2～20A/dm$^2$，镀液pH值2.0～3.5，电镀时间2～20min，阳极为钛基二氧化铱电极（优选钛铱阳极），阴、阳极面积比为2:1，阴极析氢搅拌。该工艺参数配上上述配比的电镀液，可有效增强电镀液的稳定性。

**产品特性**

(1) 本电镀液性能稳定、使用寿命长、制备方法简单、易于操作且镀层质量好。

(2) 本配方中六水三氯化铬为镀液提供铬离子；葡萄糖酸钠为导电盐，用来增加镀液电导，提高镀液分散能力并减少电耗；氨基乙酸为镀液缓冲剂，用来维持镀液的pH值；硫酸铝一方面作为导电盐增加镀液电导，另一方面它在pH值4～5具有很好的缓冲能力，可有效防止三价铬氢氧化物的生成和沉积；十二烷基葡萄糖酸钠作为润滑剂，用来降低镀液的表面张力，减少镀层针孔；配位剂与三价铬离子配合，将惰性的三价铬水合物转化为电活性高的易沉积铬离子，以提高镀液的沉积速度和电流效率，改善镀层质量；稳定剂用来防止三价铬离子被氧化为六价铬离子，同时将镀液中已存在的六价铬离子还原为三价铬离子以提高镀液的稳定性和使用寿命。两种配位剂的配合使用不仅可以保持铬的持续沉积，还可提高三价铬的沉积速度和电流效率。

（3）本品电镀过程中阳极仅析出氧气，清洁无污染。

（4）该电镀液的光亮区电流密度范围宽，pH值能长期保持稳定，操作简单。

（5）本电镀液引入稳定剂后，有效提高了电镀液的稳定性，有助于其工业化推广。

## 配方 13　以硫酸铬为主盐的三价铬电镀液

**原料配比**

| 原料 | | 配比/g | | | | | | |
|---|---|---|---|---|---|---|---|---|
| | | 1# | 2# | 3# | 4# | 5# | 6# | 7# |
| 硫酸铬 | | 20 | 40 | 50 | 60 | — | — | 80 |
| 硫酸铬钾 | | — | — | — | — | 80 | — | — |
| 碱式硫酸铬 | | — | — | — | — | — | 80 | — |
| 配位剂 | 丙烯酸-衣康酸共聚物（分子量20000） | 4 | — | — | — | — | — | — |
| | 丙烯酸-衣康酸-甲基丙烯酸-2-羟乙酯共聚物（分子量5000） | — | 1 | — | — | — | — | — |
| | 丙烯酸-马来酸共聚物（分子量10000） | — | — | 4 | — | — | — | — |
| | 丙烯酸-衣康酸-甲基丙烯酸-2-羟乙酯共聚物（分子量20000） | — | — | — | 6 | — | 8 | — |
| | 丙烯酸-衣康酸-甲基丙烯酸-2-羟乙酯共聚物（分子量50000） | — | — | — | — | — | — | 10 |
| | 甲基丙烯酸-衣康酸共聚物（分子量40000） | — | — | — | — | 8 | — | — |
| 润湿剂 | 聚尿素 | 1 | — | — | — | — | — | — |
| | 尿素 | — | 2.0 | — | 3.0 | — | 4 | 2 |
| | 聚乙二醇(分子量1000) | — | — | 0.5 | — | — | — | — |
| | 聚乙二醇(分子量400) | — | — | — | — | 4 | — | — |
| | 聚乙二醇(分子量200) | — | — | — | — | — | — | 3 |
| 应力消除剂 | 氟化钕 | — | — | — | 0.4 | — | — | 0.5 |
| | 硫酸钕 | 0.4 | 0.1 | 0.5 | — | — | 0.4 | — |
| | 硝酸钕 | — | — | — | — | 0.4 | — | — |
| 导电盐 | 硫酸钾 | 60 | 30 | 100 | 100 | 100 | 150 | 150 |
| 去离子水 | | 加至1000mL | 加至1000mL | 加至1000mL | 加至1000mL | 加至1000mL | 加至1000mL | 加至1000mL |

**制备方法**　将各组分原料混合均匀即可。

**产品应用**　采用本品进行电镀的方法如下：调节镀液pH值为2.4～3.6，工件为阴极，电镀阳极为铱钽涂覆钛阳极，工作温度为25～60℃，电流密度从开始的0经过60～120s增加到5～60A/dm$^2$。

为了保障镀层与基底有较强的结合力，必须采用软启动方法进行电镀。所述软启动是指电镀的电流密度从开始的0经过60～120s增加到指定的电流密度。

可用10%H$_2$SO$_4$溶液或20%NaOH溶液调节pH。

**产品特性**　本品以硫酸铬盐作铬源，以聚羧酸或含羟基的聚羧酸及其盐作配位剂，克服了现有三价铬电镀中用小分子羧酸或其盐作配位剂导致镀液稳定性差的缺点。本品中的配位剂还具有良好的分散能力，不需另加其他表面活性剂作分散剂，避免了表面活性剂在镀层表面产生气泡。另外，通过在镀液中添加应力消除剂，能有效地细化镀层晶粒，减小或消除镀层中的内应力，增强镀层与基材的结合强度和镀层的表面硬度。应用本品进行三价铬电镀，能避免三价铬电镀时镀层达 $35\mu m$ 以上易开裂的缺点，能获得 $50\sim150\mu m$ 的均匀致密镀层，镀层硬度为 $850\sim1000HV$。镀层经过 $200℃$ 热处理 $5min$ 后，硬度达到 $1600\sim2000HV$。

## 配方 14　含增白剂的镀铬电镀液

原料配比

| 原料 | | 配比/g | | | |
| --- | --- | --- | --- | --- | --- |
| | | 1# | 2# | 3# | 4# |
| 增白剂 | 乙烯基磺酸钠 | 1.5 | — | — | — |
| | 烯丙基磺酸钠 | — | 0.5 | — | — |
| | 苯亚磺酸钠 | — | — | 1.875 | 3.5 |
| | 乙氧化丙炔醇 | 1 | 1 | 1 | 1 |
| 主盐 | 硫酸铬 | 45 | 40 | 40 | 45 |
| 配位剂 | 草酸 | 15 | 15 | 15 | 20 |
| | 甲酸钠 | 20 | 20 | 20 | 22 |
| 导电盐 | 硫酸钠 | 15 | 15 | 15 | 20 |
| | 硫酸钾 | 15 | 15 | 15 | 15 |
| | 硫酸铵 | 5 | 5 | 5 | 5 |
| 缓冲剂 | 硼酸 | 15 | 15 | 15 | 15 |
| 润湿剂 | 十二烷基磺酸钠 | 0.05 | 0.075 | 0.05 | 0.075 |
| 去离子水 | | 加至250mL | 加至250mL | 加至250mL | 加至250mL |

**制备方法**　将各组分原料混合均匀即可。

**产品特性**　本品增白剂中磺酸基团和炔基基团的引入可以扩大镀液的极化区间并增大镀液的阳极极化能力，能进一步地改变晶粒的细化程度（大小）。从宏观来看，铬镀层的白度得到了较大的提高，因此含有本品的镀铬电镀液能够改善三价铬形成的铬镀层发暗的问题，并且该增白剂的加入不会对镀液的其他性能产生影响。

## 配方 15　三价铬镀铬电镀液

原料配比

| 原料 | | 配比/g | | |
| --- | --- | --- | --- | --- |
| | | 1# | 2# | 3# |
| 硫酸铬 | | 5 | 20 | 12.5 |
| L-苹果酸 | | 2 | 10 | 6 |
| 导电盐 | 硫酸钾 | 100 | — | — |
| | 硫酸钠 | — | 180 | — |
| | 硼酸 | — | — | 140 |
| 辅助剂 | 糖精钠 | 1 | — | 3 |
| | 乙烯基磺酸钠 | — | 5 | — |
| 除杂剂 | 乙硫氮 | 0.01 | — | — |
| | 硫脲 | — | 0.5 | 0.25 |
| 去离子水 | | 加至1000mL | 加至1000mL | 加至1000mL |

**制备方法** 向容器中加入总量二分之一的去离子水，在连续搅拌下，依次加入硫酸铬、L-苹果酸、导电盐、辅助剂、除杂剂，然后加水至总量，搅拌至溶质完全溶解，将获得的混合液存入遮光密闭容器内，得到三价铬镀铬电镀液成品。

**产品应用** 采用如下技术参数对工件进行镀铬：

温度：48~58℃，优选 55℃；pH（电子）：3.2~3.8，优选 3.4；电流密度：7~15A/dm$^2$；电压：低于 12V；溶液密度：约 1.180g/cm$^3$；阳极：三价铬电镀专用阳极，有保护措施，在低于 6A/dm$^2$ 的阳极电流密度下工作；其余工艺参数按常规方法进行。

**产品特性** 本品中不含六价铬等有毒物质，所述的硫酸铬能提供 Cr$^{3+}$，实现了电镀液清洁生产，便于废水处理；加入乙硫氮或硫脲作为除杂剂，使本电镀液性能稳定；加入糖精钠和乙烯基磺酸钠，使镀层青白、美观、抗腐蚀性能佳。

## 配方 16　三价铬环保电镀液

原料配比

| 原料 | | 配比/(mol/L) | | | |
|---|---|---|---|---|---|
| | | 1# | 2# | 3# | 4# |
| 氯化铬 | | 1.5 | 1.8 | 1.0 | 2 |
| 配位剂 | 柠檬酸 | 1.0 | 1.2 | — | — |
| | 苹果酸 | — | — | 1.0 | — |
| | 丁二酸 | — | — | 1.0 | — |
| | 氨基乙酸 | 1.0 | — | 0.5 | 0.5 |
| | 乳酸 | — | 1.0 | — | — |
| | 顺式丁烯二酸 | — | — | 0.5 | 0.5 |
| | 巯基乙酸 | — | — | — | 0.5 |
| | 草酸 | — | — | — | 0.5 |
| 导电盐 | 氯化钠 | 0.5 | 0.2 | 0.5 | — |
| | 氯化镁 | — | — | 0.5 | 0.5 |
| | 氯化钯 | — | 0.3 | 0.5 | 0.5 |
| | 氯化锂 | — | — | — | 0.5 |
| 分散剂 | 聚乙二醇(200) | 0.2 | — | — | 0.3 |
| | 聚乙二醇(400) | — | — | — | 0.3 |
| | 聚乙二醇(1000) | — | 0.6 | — | 0.3 |
| | 聚乙二醇(2000) | — | — | 0.5 | — |
| | 聚乙二醇(4000) | — | — | 0.5 | — |
| 特殊组分 | | 0.2 | 0.3 | 0.5 | 0.4 |
| 水 | | 加至 1000mL | 加至 1000mL | 加至 1000mL | 加至 1000mL |
| 特殊组分 | 聚丙烯酰胺 | 10 | — | — | 15 |
| | α-烯烃磺酸盐 | — | 15 | — | — |
| | 脂肪酸磺烷基酯 | — | — | 10 | — |
| | 二十烷醇 | 20 | — | 15 | — |
| | 二十五烷醇 | — | 15 | — | 10 |
| | 二甲基亚砜(DMSO) | 70 | 70 | — | — |
| | 乙腈 | — | — | 75 | — |
| | 甲酰胺 | — | — | — | 75 |

**制备方法** 将各组分原料混合均匀即可。

**产品应用**　在确定的酸度、温度、电流密度下，制取出厚度超过 $80\mu m$ 的铬镀层；电镀液使用过程中，酸度控制在 pH＝2～4，温度控制在 30～50℃，电流密度控制在 $30～40A/dm^2$。

**产品特性**

（1）通过在常规三价铬电镀液配方中引进一类特殊组分，有效降低电镀过程中镀层表面张力，提高电镀液分散性，进而解决电镀过程中的边缘效应问题。

（2）采用该三价铬电镀液制备厚铬镀层，减轻了对环境的污染，减小了对电镀工人健康的危害，得到的三价铬镀层表面平整，结晶致密，与基体结合强度好，厚度可达 $80\mu m$ 以上。

（3）采用常规电镀工艺，无需特殊处理手段。

# 3

# 镀铜液

## 配方1 电镀铜用的电镀液

原料配比

| 原料 | | 配比/g | | | |
|---|---|---|---|---|---|
| | | 1# | 2# | 3# | 4# |
| 主盐 | 硫酸铜 | 200 | 180 | 210 | 220 |
| | 氨基磺酸 | 200 | 120 | 250 | 210 |
| 导电盐 | 氯化钠 | 0.2 | 0.15 | — | 0.25 |
| | 氯化钾 | — | — | 0.21 | — |
| 水 | | 加至1000mL | 加至1000mL | 加至1000mL | 加至1000mL |

**制备方法** 将各组分原料混合均匀即可。

**产品应用** 电镀工艺：

(1) 将金属铜放入上述电镀液中，作为阳极；

(2) 将工件放入上述电镀液中，作为阴极；

(3) 通入直流电源，进行电镀。

**产品特性**

(1) 本品使用氨基磺酸替代传统的硫酸，不仅安全，而且电镀获得的铜镀层内应力低，符合电子产品的电镀需求。

(2) 本品成分简单，对待镀面上的刮痕与凹陷等缺失，具有优先进入、快速填平的特殊效果，被广泛用于各种金属及塑料的装饰性电镀。

## 配方2 电镀线路板通孔和盲孔的电镀液

原料配比

| 原料 | 配比/g | | | | | |
|---|---|---|---|---|---|---|
| | 1# | 2# | 3# | 4# | 5# | 6# |
| 五水硫酸铜 | 160 | 180 | 165 | 175 | 170 | 170 |

| 原料 | | 配比/g | | | | | |
|---|---|---|---|---|---|---|---|
| | | 1# | 2# | 3# | 4# | 5# | 6# |
| 硫酸 | | 20 | 50 | 22 | 21 | 25 | 20 |
| 氯离子 | | 0.05 | 0.07 | 0.065 | 0.065 | 0.065 | 0.065 |
| 加速剂 | | 0.5 | 1.5 | 0.6 | 1.35 | 1.0 | 0.6 |
| 抑制剂 | | 7 | 30 | 10 | 18 | 12 | 10 |
| 整平剂 | | 12 | 25 | 18 | 20 | 22 | 18 |
| 去离子水 | | 加至1000mL | 加至1000mL | 加至1000mL | 加至1000mL | 加至1000mL | 加至1000mL |
| 加速剂 | 聚二硫二丙烷磺酸钠 | 10 | 8 | 4 | 8 | 8 | 4 |
| | 1,2-亚乙基硫脲 | 1 | 1 | 1 | 1 | 1 | 1 |
| | 2-巯基苯并噻唑 | 1 | — | — | — | 1 | — |
| | 2-噻唑啉基聚二硫丙烷磺酸钠 | — | — | 5 | 1 | — | 5 |
| 抑制剂 | 分子量为4000~6000的聚乙二醇 | 8 | 8 | — | 1 | 4 | — |
| | 乙二胺聚氧乙烯聚氧丙烯醚 | 1 | 1 | 10 | 2 | 2 | 10 |
| 整平剂 | 烷基二甲基氯化铵与氯乙烯醚共聚的季铵盐 | 10 | 25 | 2 | 1 | 10 | 2 |
| | 聚乙烯亚胺烷基化合物 | 1 | — | — | — | — | — |
| | 脂肪胺乙氧基磺化物 | — | — | 5 | — | 1 | 5 |
| | 聚乙烯亚胺烷基盐 | — | — | — | 1 | — | — |

**制备方法**

（1）在去离子水中加入五水硫酸铜，搅拌至完全溶解；

（2）在搅拌状态下，加入硫酸、氯离子并搅拌均匀；

（3）静置0.5h，加入加速剂、抑制剂和整平剂，搅拌均匀，制得电镀线路板通孔盲孔的电镀液。

**产品应用** 本品主要用于线路板通孔和盲孔的电镀。

同一槽中通孔、盲孔的电镀过程分为两段：第一段，电流密度为10~15A/dm$^2$，电镀时间为30min；第二段，电流密度为16~12A/dm$^2$，电镀时间为60min。

**产品特性**

（1）本品可用于线路板通孔和盲孔的电镀，特别是可以实现电路板上槽内通孔、盲孔的同时填孔电镀，减少电镀工序，提高生产效率，适合工业化生产。

（2）该电镀液深镀能力好，填孔率高，寿命长；铜镀层平整，延展性、硬度好。

## 配方 3　电解铜模用电镀液

**原料配比**

| 原料 | 配比（质量份） | | 原料 | 配比（质量份） | |
|---|---|---|---|---|---|
| | 1# | 2# | | 1# | 2# |
| 氰化亚铜 | 5 | 6 | 焦磷酸钾 | 110 | 115 |
| 氰化钠 | 7 | 6 | 酒石酸钾钠 | 25 | 30 |
| 游离氰化钠 | 1.5 | 2 | 氨水 | 2 | 3 |
| 焦磷酸锌 | 6 | 7 | 去离子水 | 250～260 | 270～280 |

**制备方法**

（1）选材备料。电镀液的主要成分为：氰化亚铜、氰化钠、游离氰化钠、焦磷酸锌、焦磷酸钾、酒石酸钾钠、氨水和去离子水。

（2）分配基础液。基础液包括三组分溶液，第一组分溶液由氰化亚铜、氰化钠、游离氰化钠和 8～10 份去离子水配制而成，配制温度控制在 30～40℃，均匀搅拌呈糊状后备用；第二组分溶液由焦磷酸锌、焦磷酸钾和 70～80 份去离子水配制而成，配制温度控制在 35～45℃，均匀搅拌呈糊状后备用；第三组分溶液由酒石酸钾钠和 18～20 份去离子水配制而成，配制温度控制在 40℃左右，均匀搅拌 15～20min 后备用。

（3）混合配制。配制过程如下：首先，混合基础液中的第一、第二两组分溶液，混料温度控制在 50℃以下，混料时间约为 30～35min；然后，添加基础液中的第三组分溶液，混料温度控制在 60℃以下，混料时间为 20～25min，混料期间每 8min 暂停 5min；接着，添加氨水，混料温度控制在 50℃左右，混料时间为 10～15min；最后，添加 150～170 份去离子水，充分搅拌 60～70min 后滤清。

（4）pH 调定。向混合液中添加 1～3 份氢氧化钠溶液进行 pH 调定，电镀液成品的 pH 值控制在 11～12。

（5）电镀液后处理。后处理工艺包括分析矫正、试镀检测、灌装密封以及成品储存等。

**产品特性**　本品制备工序安排合理，制备工艺简便，实施成本适中，配制的电镀液具有成膜性能优良、性能稳定、污染低等优点，制得的铜膜镀层强度优良、耐热性能稳定、抗剥离性能优良，极大地提升了电解铜模的使用性能和寿命。

## 配方 4　镀铜电镀液

**原料配比**

| 原料 | 配比/g | | 原料 | 配比/g | |
|---|---|---|---|---|---|
| | 1# | 2# | | 1# | 2# |
| $CuSO_4 \cdot 5H_2O$ | 100 | 150 | 吡啶乙基磺酸甜菜碱 | 0.001 | 0.002 |
| 卤化铜 | 80 | 40 | 丁炔二醇 | 0.001 | 0.001 |
| 乙基磺酸 | 15 | 17 | 去离子水 | 加至 1000mL | 加至 1000mL |

**制备方法**　将各组分原料混合均匀即可。

**原料介绍**　所述的卤化铜为氯化铜。

**产品应用**　镀铜电镀液使用方法：工件经清洗、除油处理后烘干，采用上述电镀液进行电镀,以电解铜为阳极,工件为阴极,放入电解槽中进行电镀,电镀温度为 $20\sim60℃$,电流密度为 $4\sim9A/dm^2$,电镀 35min 后得到稳定均匀的镀层。

**产品特性** 本品能够在工件表面形成稳定的镀层成本低,适合工业化生产。

## 配方 5 镀铜光亮电镀液

原料配比

| 原料 | 配比(质量份) | | |
|---|---|---|---|
| | 1# | 2# | 3# |
| 硫酸铜 | 30 | 40 | 50 |
| 硫酸铝 | 40 | 45 | 50 |
| 氯化铜 | 30 | 45 | 60 |
| 氢氧化镍 | 15 | 18 | 20 |
| 氯化钴 | 10 | 15 | 20 |
| 硫酸铁 | 15 | 20 | 30 |
| 氯化亚铁 | 10 | 15 | 20 |
| 氧化亚铜 | 10 | 12 | 15 |
| 盐酸 | 15 | 18 | 20 |
| 乙酸 | 3 | 4 | 5 |
| 磷酸氢钠 | 10 | 12 | 15 |
| 亚硝酸钠 | 15 | 18 | 20 |
| 柠檬酸 | 20 | 25 | 30 |
| 锡酸钠 | 20 | 30 | 50 |
| 氢氧化钾 | 20 | 30 | 50 |
| 聚二硫二丙烷磺酸钠 | 50 | 30 | 80 |
| 去离子水 | 1000 | 2000 | 3000 |

**制备方法** 将硫酸铜、硫酸铝、氯化铜、氢氧化镍、氯化钴、硫酸铁、氯化亚铁、氧化亚铜、盐酸、乙酸、磷酸氢钠、亚硝酸钠、柠檬酸、锡酸钠、氢氧化钾、聚二硫二丙烷磺酸钠混合搅拌,通过分散机分散后加入去离子水中,通过高速搅拌机搅拌后得到该电镀液。

**产品特性** 本品中加入了聚二硫二丙烷磺酸钠,能够有效实现光亮效果。

## 配方 6 镀铜抗氧化电镀液

原料配比

| 原料 | 配比(质量份) | | |
|---|---|---|---|
| | 1# | 2# | 3# |
| 硫酸铜 | 30 | 40 | 50 |
| 硫酸铝 | 40 | 45 | 50 |
| 氯化铜 | 30 | 45 | 60 |
| 氢氧化镍 | 15 | 18 | 20 |
| 氯化钴 | 10 | 15 | 20 |
| 硫酸铁 | 15 | 20 | 30 |
| 氯化亚铁 | 10 | 15 | 20 |
| 氧化亚铜 | 10 | 12 | 15 |
| 碳酸钾 | 15 | 18 | 20 |
| 乙酸 | 3 | 4 | 5 |
| 磷酸氢钠 | 10 | 12 | 15 |
| 亚硝酸钠 | 15 | 18 | 20 |

| 原料 | 配比(质量份) | | |
|---|---|---|---|
| | 1# | 2# | 3# |
| 氰化钾 | 20 | 25 | 30 |
| 锡酸钠 | 20 | 30 | 50 |
| 氢氧化钾 | 20 | 30 | 50 |
| 乙二胺四乙酸 | 50 | 30 | 80 |
| 去离子水 | 1000 | 2000 | 3000 |

**制备方法** 将硫酸铜、硫酸铝、氯化铜、氢氧化镍、氯化钴、硫酸铁、氯化亚铁、氧化亚铜、碳酸钾、乙酸、磷酸氢钠、亚硝酸钠、氰化钾、锡酸钠、氢氧化钾、乙二胺四乙酸混合搅拌，通过分散机分散后加入去离子水中，通过高速搅拌机搅拌后得到该电镀液。

**产品特性** 本品中加入了乙二胺四乙酸，能够有效实现抗氧化效果。

## 配方7 镀铜用电镀液

**原料配比**

| 原料 | | 配比(质量份) | | |
|---|---|---|---|---|
| | | 1# | 2# | 3# |
| 铜盐 | 氯化铜 | 100 | — | — |
| | 五水合硫酸铜 | — | 100 | — |
| | 硝酸铜 | — | — | 100 |
| 醌类化合物 | 1,2-萘醌 | 35 | — | — |
| | 1,4-萘醌 | — | 30 | — |
| | 蒽醌 | — | — | 40 |
| 邻苯二酚 | | 15 | 12 | 18 |
| 硫酸钾 | | 7 | 5 | 10 |
| 苹果酸 | | 12 | 10 | 14 |
| 2,2'-联吡啶 | | 6 | 4 | 8 |
| 配位剂 | 四乙酸二氨基乙烷 | 13 | — | — |
| | 环己烷二胺四乙酸 | — | 11 | — |
| | 二乙烯三胺五乙酸 | — | — | 14 |
| 还原剂 | 乙二醛 | 14 | — | — |
| | 三聚甲醛 | — | 10 | 16 |
| 稳定剂 | 亚硫酸钠 | 4 | — | — |
| | 亚铁氰化钾 | — | — | 6 |
| | 聚氧乙烯山梨醇酐单硬酸酯 | — | 2 | — |
| 水 | | 220 | 150 | 300 |

**制备方法**

(1) 将铜盐、醌类化合物、邻苯二酚、硫酸钾、苹果酸、2,2'-联吡啶、配位剂、还原剂、稳定剂和水混合制得混合物 M1;

(2) 向所述混合物 M1 中加入碱，调节 pH 值为 11～13，制得混合物 M2;

(3) 将所述混合物 M2 后处理制得镀铜用电镀液。

**原料介绍** 所述的碱可以选择氢氧化锂、氢氧化钠、氢氧化钾和氢氧化钡中的一种或多种，为了更快地调节混合物的 pH，优选氢氧化锂、氢氧化钠和氢氧化钾中的一种或多种。

**产品特性**　本品中添加了醌类化合物、邻苯二酚、硫酸钾、苹果酸和 2,2′-联吡啶，这五种组分之间发生协同作用，使制得的镀铜用电镀液性质稳定。用这种镀铜用电镀液电镀而得的铜镀层附着力强、硬度大且不会出现膨胀起泡的现象。

## 配方 8　钢铁件镀铜的无氰电镀液

　　**原料配比**

| 原料 | 配比/g | | |
|---|---|---|---|
| | 1# | 2# | 3# |
| 硫酸铜 | 35 | 40 | 60 |
| 碳酸钾 | 20 | 60 | 60 |
| 氨基三亚甲基膦酸 | 100 | — | — |
| 羟基亚乙基-1,1-膦酸 | — | 200 | — |
| 乙二胺四亚甲基膦酸 | — | — | 100 |
| 氨三乙酸 | 13 | 20 | 1 |
| 植酸 | 13 | 20 | 1 |
| 柠檬酸钠 | 200 | — | — |
| 硫氰酸钠 | — | 10 | 10 |
| 酒石酸钾钠 | — | — | 20 |
| 水 | 加至 1000mL | 加至 1000mL | 加至 1000mL |

　　**制备方法**　取硫酸铜加入水充分溶解，将碳酸钾、有机膦酸盐、氨三乙酸、植酸和柠檬酸钠、酒石酸钾钠或硫氰酸钾溶于水，不断搅拌，将硫酸铜溶液加入上述溶液，用 KOH 溶液调节 pH 为 9～10，加水至溶液体积为 1L。

　　**原料介绍**　所述有机膦酸盐为氨基三亚甲基膦酸、羟基亚乙基-1,1-膦酸或乙二胺四亚甲基膦酸。

　　**产品特性**

（1）本品用于钢铁基体镀铜，替代了有氰碱性镀铜。

（2）镀层与基件的结合力好。

（3）分散能力和深镀能力均优于氰化镀铜液。

（4）镀液成分简单、稳定，无分解产物。

（5）无需加热，减少能耗。

## 配方 9　高 TP 值软板电镀液

　　**原料配比**

| | 原料 | 配比/g | | | | |
|---|---|---|---|---|---|---|
| | | 1# | 2# | 3# | 4# | 5# |
| A 组分 | 无水硫酸铜 | 100 | 100 | 200 | 30 | 180 |
| B 组分 | 硫酸 | 200 | 200 | 100 | 50 | 270 |
| C 组分 | 氯化物 | 0.15 | 0.15 | 0.1 | 0.15 | 0.18 |
| D 组分 | 聚二硫二丙烷磺酸钠、3-巯基丙烷磺酸钠、异硫脲丙磺酸内盐和 3-(苯并噻唑-2-巯基)-丙烷磺酸钠的混合物 | 0.003 | — | — | — | — |

| 原料 | | 配比/g | | | | |
|---|---|---|---|---|---|---|
| | | 1# | 2# | 3# | 4# | 5# |
| D组分 | 聚二硫二丙烷磺酸钠、3-巯基丙烷磺酸钠的混合物 | — | 0.005 | — | — | — |
| | 3-巯基丙烷磺酸钠、$N,N$-二甲基二硫代氨基甲烷磺酸钠、异硫脲丙磺酸内盐和3-(苯并噻唑-2-巯基)-丙烷磺酸钠的混合物 | — | — | 0.001 | — | — |
| | 聚二硫二丙烷磺酸钠、3-巯基丙烷磺酸钠、$N,N$-二甲基二硫代氨基甲烷磺酸钠、3-(苯并噻唑-2-巯基)-丙烷磺酸钠的混合物 | — | — | — | 0.002 | — |
| | 3-巯基丙烷磺酸钠、$N,N$-二甲基二硫代氨基甲烷磺酸钠、3-(苯并噻唑-2-巯基)-丙烷磺酸钠的混合物 | — | — | — | — | 0.002 |
| E组分 | 聚乙二醇、聚丙醇和脂肪胺聚氧乙烯醚的混合物 | 15 | — | — | — | — |
| | 脂肪胺聚氧乙烯醚 | — | 20 | — | 15 | — |
| | 聚丙醇和脂肪胺聚氧乙烯醚的混合物 | — | — | 50 | — | 15 |
| 去离子水 | | 加至1000mL | 加至1000mL | 加至1000mL | 加至1000mL | 加至1000mL |

**制备方法** 将各组分原料混合均匀即可。

**产品应用** 高 TP 值软板电镀液的电镀方法：将带有通孔的基材浸入所述的高 TP 值软板电镀液中，以所述带有通孔的基材为阴极在通电下进行电镀，中孔的高度为 0.025～1mm，电流密度为 5～50 A/dm$^2$，电镀液的 pH 值<0.5，铜镀层的厚度为 10～25$\mu$m。

**产品特性**

(1) 本品总有机含碳量低，COD 为 500～5000mg/L。电镀铜的延展性和抗热冲击性强，软板的通孔 TP 值高，TP 值最高达 400%，同时可以使用高的电流密度，最高的电流密度为 50 A/dm$^2$。

(2) 本品可广泛用于软板的精细通孔镀铜。

## 配方10 环保碱铜电镀液

**原料配比**

| 原料 | 配比/g | | |
|---|---|---|---|
| | 1# | 2# | 3# |
| 铜离子 | 18 | 18 | 18 |
| 配位剂 | 85 | 85 | 85 |
| 光亮剂/(mg/L) | 0.8 | 0.8 | 0.8 |
| 整平剂/(mg/L) | 120 | 120 | 120 |

| 原料 | | 配比/g | | |
|---|---|---|---|---|
| | | 1# | 2# | 3# |
| 去离子水 | | 加至1000mL | 加至1000mL | 加至1000mL |
| 铜离子 | 乙酸铜 | 1 | — | — |
| | 碱式碳酸铜 | 1 | 18 | 2 |
| | 硫酸铜 | — | — | 1 |
| 配位剂 | N-甲硫基乙基氨二乙酸 | 3 | — | — |
| | 羟基乙酸 | 1 | — | — |
| | 2,3-二羟基丙酸 | 1 | — | 1 |
| | N-甲氧基乙基氨二乙酸 | — | — | 2 |
| | 2-氨基甲基吡啶-N-单乙酸 | — | 5 | 2 |
| | 氨三乙酸 | — | 1 | — |
| 整平剂 | 丁醇聚氧乙烯聚氧丙烯醚(EO∶PO=3∶1,分子量1000～2500) | 5 | 2 | — |
| | DF-20(陶氏化学) | 1 | — | — |
| | 聚氧乙烯醚硫酸钠(EO=10～20) | — | 1 | 2 |
| | 异辛醇聚氧乙烯醚(EO=5～10) | — | — | 5 |
| | AESA | — | — | 1 |
| 光亮剂 | 2-巯基苯并噻唑 | 0.8 | 10 | 8 |
| | 1-苄基吡啶鎓-3-羧酸盐 | — | 1 | 1 |
| | 木质素磺酸钠 | — | — | 1 |

**制备方法** 将各组分原料混合均匀即可。调节电镀液体系pH至9～10。

**原料介绍**

所述铜离子是硫酸铜、乙酸铜、碱式碳酸铜中的一种或多种。

所述pH调节剂为KOH、硼砂、碳酸钠中的一种或多种。

**产品应用** 本品是一种环保碱铜电镀液。

电镀方法：在1.5～2.0A/dm$^2$条件下，以不锈钢片作为试片，于60～70℃下电镀3～5min，得到光亮、均匀的红色镀层。

**产品特性** 本品不含有机磷、氰化物，更加环保、安全；得到的铜镀层光亮、平整，且铜镀层与基材结合强度好。

# 配方11 钕铁硼产品直接电镀铜的电镀液

**原料配比**

| 原料 | 配比/g | | 原料 | 配比/g | |
|---|---|---|---|---|---|
| | 1# | 2# | | 1# | 2# |
| 焦磷酸铜 | 7 | 5 | 十二烷基苯磺酸钠 | 0.3 | 0.2 |
| 硼砂 | 12 | 10 | 乳酸 | 13mL | 15mL |
| EDTA | 22 | 20 | 去离子水 | 925mL | 930mL |
| 水合肼 | 22mL | 23mL | | | |

**制备方法**

(1) 按照电镀液中各组分浓度量取各种原料；

(2) 将焦磷酸铜用去离子水溶解，得到第一溶液；

(3) 将EDTA加入第一溶液中，混合均匀，得到第二溶液；

(4) 将硼砂、水合肼、乳酸分别加入第二溶液中，充分搅拌使其混合均匀，得到第三溶液；

（5）用去离子水定容，得到第四溶液；

（6）将表面活性剂十二烷基苯磺酸钠加入第四溶液中，充分搅拌混合，得到钕铁硼产品直接电镀铜的电镀液。

**产品应用**　电镀方法：

（1）对钕铁硼产品依次进行倒角、除油、水洗、酸洗、超声波洗涤和活化前处理。倒角在倒角机中进行，产品和磨料进行翻滚、研磨去除尖锐棱角；除油在添加除油剂水溶液中进行，直到产品表面油污去除干净形成连续水膜；酸洗在3%稀硝酸溶液中进行，去除表面锈层直到露出金属光泽均匀的基体。

（2）将经过前处理的钕铁硼产品放入装有所述电镀液的电镀槽中。

（3）电镀时阴极电流密度为 $0.2 \sim 0.5 A/dm^2$，阳极为电解铜板。

（4）得到的钕铁硼产品的铜镀层厚度范围是 $2 \sim 10 \mu m$。

**产品特性**

（1）用本品进行钕铁硼产品的直接电镀，能够使钕铁硼表面形成致密且光亮的电镀层；

（2）本电镀液能直接对钕铁硼产品进行电镀，深镀能力好，铜镀层平整，延展性好；

（3）本品稳定，成本较低，具有潜在的工业应用价值；

（4）本品制备方法能够确保焦磷酸铜和 EDTA 之间的配合，配合后的铜离子可提高铜镀层表面质量。

## 配方 12　钕铁硼磁体的电镀液

**原料配比**

| 原料 | | 配比/g | |
| --- | --- | --- | --- |
| | | 1# | 2# |
| 镀铜溶液/mL | 开缸剂 | 38 | 40 |
| | 碱溶液 | 32 | 25 |
| | 添加剂 | 1.3 | 1.2 |
| | 润湿剂 | 0.3 | 0.25 |
| | 水 | 33 | 35 |
| 镀镍溶液 | 硫酸镍 | 300 | 320 |
| | 氯化镍 | 45 | 50 |
| | 硼酸 | 40 | 42 |
| | 添加剂 A | 1.5 | 1.2 |
| | 添加剂 B | 1.5 | 1.2 |
| | 添加剂 NA-SP | 0.1 | 0.15 |
| | 去离子水 | 加至 1000mL | 加至 1000mL |

**制备方法**　将各组分原料混合均匀即可。

**原料介绍**

所述镀镍溶液包括硫酸镍、氯化镍、硼酸、添加剂 A、添加剂 B、添加剂 NA-SP 和水；

所述添加剂 A 为糖精和/或 1,4-丁炔二醇；

所述添加剂 B 为甲苯磺酰胺和/或烯丙基磺酸钠；

所述添加剂 NA-SP 为十二烷基硫酸钠的水溶液。

所述镀铜溶液包括开缸剂、碱溶液、添加剂、润湿剂以及水。

所述开缸剂为（1-羟基亚乙基）二膦酸·铜盐、磷酸、磷酸二氢钾和水；

所述添加剂为添加剂 H501 和/或添加剂 L301；

所述润湿剂为环烯磷酸钠盐的水溶液。

**产品应用**  本品主要用于钕铁硼磁体电镀。

钕铁硼磁体的电镀工艺包括以下步骤：

（1）将经过前处理的钕铁硼磁体放入镀铜溶液中，在第一电流的作用下，进行冲击电镀，然后在第二电流的作用下进行电镀，得到镀镍用基体。所述第一电流的电流密度为 $0.45 \sim 0.5 A/dm^2$，所述冲击电镀的时间为 $10 \sim 15min$；所述第二电流的电流密度为 $0.3 \sim 0.35 A/dm^2$，所述电镀的时间为 $50 \sim 70min$。

（2）将上述步骤得到的镀镍用基体放入镀镍溶液中，在第四电流的作用下，进行冲击电镀，然后在第三电流的作用下进行电镀，得到电镀后的钕铁硼磁体。所述第四电流的电流密度为 $0.3 \sim 0.35 A/dm^2$，所述冲击电镀的时间为 $10 \sim 15min$；所述第三电流的电流密度为 $0.23 \sim 0.3 A/dm^2$，所述电镀的时间为 $65 \sim 85min$。

所述镀镍用基体的铜镀层厚度为 $7 \sim 8\mu m$。

所述电镀后的钕铁硼磁体的镍镀层厚度为 $7 \sim 8\mu m$。

所述前处理包括物理除油、化学除锈和超声水洗中的一种或多种。

**产品特性**

（1）本电镀液中的镀铜溶液能够直接在钕铁硼磁体上电镀铜作为打底层，不会对基体产生不良影响；本品的电镀工艺在磁体上通过高电流冲击迅速镀上铜层，以铜层为打底层，避免了底层镍对磁体的磁屏蔽，使钕铁硼磁体获得较低的热减磁率。

（2）本品的电镀工艺能够提高钕铁硼磁体产品的抗腐蚀性。

## 配方 13  适用于宽 pH 和宽电流密度范围的无氰镀铜电镀液

**原料配比**

| 原料 | 配比/g | | |
|---|---|---|---|
| | 1# | 2# | 3# |
| 氨基亚甲基二膦酸（AMDP） | 70 | 50 | 80 |
| 肌醇六磷酸（PA） | 40 | 30 | 35 |
| 焦磷酸钾 | 3 | 10 | 1 |
| 五水硫酸铜 | 30 | 20 | 35 |
| 氢氧化钾 | 45 | 75 | 110 |
| 去离子水 | 加至 1000mL | 加至 1000mL | 加至 1000mL |

**制备方法**  将氨基亚甲基二膦酸、肌醇六磷酸、焦磷酸钾加入去离子水中溶解，然后加入铜盐充分搅拌混合，用氢氧化钾调节溶液 pH 至 $6 \sim 13.6$，即得所述的无氰镀铜电镀液。

**产品特性**

（1）本无氰镀铜电镀液适用 pH 范围为 $6 \sim 13.5$，适用电流密度范围为 $0.2 \sim$

$4A/dm^2$。

（2）该镀液配方简单，无毒，没有氰化物污染，在铁基体、镁合金基体、锌或锌合金基体、浸锌后的铝基体上直接镀铜，获得的铜镀层与基体的结合强度优异。

## 配方14  酸性光亮镀铜电镀液

**原料配比**

| 原料 | 配比/g | | | | | | | |
|---|---|---|---|---|---|---|---|---|
| | 1# | 2# | 3# | 4# | 5# | 6# | 7# | 8# |
| 五水硫酸铜 | 190 | 195 | 200 | 190 | 190 | 160 | 220 | 175 |
| 硫酸 | 70 | 70 | 70 | 60 | 65 | 55 | 60 | 50 |
| 氯离子 | 0.062 | 0.065 | 0.07 | 0.06 | 0.06 | 0.08 | 0.075 | 0.08 |
| 二硫基苯并咪唑 | 0.001 | 0.0008 | 0.001 | 0.001 | 0.001 | 0.0007 | 0.0006 | 0.0009 |
| 聚乙二醇 | 0.1 | 0.1 | 0.075 | 0.1 | 0.075 | 0.005 | 0.095 | 0.08 |
| 十二烷基硫酸钠 | 0.2 | 0.2 | 0.1 | 0.1 | 0.2 | 0.15 | 0.05 | 0.05 |
| 脂肪胺乙氧基磺化物 | 0.02 | 0.002 | 0.02 | 0.01 | 0.02 | 0.015 | 0.01 | 0.015 |
| 多胺与环氧乙烷加成物 | 0.1 | 0.1 | 0.1 | 0.05 | 0.1 | 0.07 | 0.09 | 0.05 |
| 去离子水 | 加至1000mL | 加至1000mL | 加至1000mL | 加至1000mL | 加至1000mL | 加至1000mL | 加至1000mL | 加至1000mL |

**制备方法**  将各组分原料混合均匀即可。

**原料介绍**  所述的五水硫酸铜是给镀液提供铜离子的主盐。

采用二硫基苯并咪唑、十二烷基硫酸钠和脂肪胺乙氧基磺化物作整平剂及低区光亮剂。

采用聚乙二醇作表面活性剂。

**产品应用**  电镀工艺包括如下步骤：含磷0.2%的铜板作为阳极放入酸性光亮镀铜电镀液中，将工件按照常规镀前处理进行清洗后放入上述酸性光亮镀铜电镀液中作为阴极，在酸性光亮镀铜电镀液的温度为18～35℃，pH值为3.5～4.5，阴极电流密度为1.5～$8A/dm^2$，阳极电流密度为0.5～$3A/dm^2$，电压为2～10V，阳极与阴极的面积比为（1～2）∶1，阳极与阴极的距离为10～30cm的条件下，电镀10～15min后工件上即可形成厚度为12～$15\mu m$的铜镀层。

**产品特性**  通过本电镀液及电镀方法可以得到整平性、光亮性较好，镀层较厚的铜镀层。

## 配方15  通、盲孔共镀电镀液

**原料配比**

| 原料 | | 配比/g | | | | | |
|---|---|---|---|---|---|---|---|
| | | 1# | 2# | 3# | 4# | 5# | 6# |
| A组分 | 无水硫酸铜 | 100 | 100 | 100 | 200 | 30 | 180 |
| B组分 | 硫酸 | 200 | 200 | 200 | 100 | 50 | 270 |
| C组分 | 氯化物 | 0.15 | 0.15 | 0.15 | 0.1 | 0.15 | 0.18 |
| D组分 | 聚二硫二丙烷磺酸钠、3-巯基丙烷磺酸钠、$N,N$-二甲基二硫代羰基丙烷磺酸钠的混合物 | 0.003 | — | — | — | — | — |

| 原料 | | 配比/g | | | | | |
|---|---|---|---|---|---|---|---|
| | | 1# | 2# | 3# | 4# | 5# | 6# |
| D组分 | 聚二硫二丙烷磺酸钠、3-巯基丙烷磺酸钠、异硫脲丙磺酸内盐和3-(苯并噻唑-2-巯基)-丙烷磺酸钠的混合物 | — | 0.003 | — | — | — | — |
| | 聚二硫二丙烷磺酸钠、3-巯基丙烷磺酸钠的混合物 | — | — | 0.003 | — | — | — |
| | 3-巯基丙烷磺酸钠、N,N-二甲基二硫代羰基丙烷磺酸钠、异硫脲丙磺酸内盐和3-(苯并噻唑-2-巯基)-丙烷磺酸钠的混合物 | — | — | — | 0.003 | — | — |
| | 聚二硫二丙烷磺酸钠、3-巯基丙烷磺酸钠、N,N-二甲基二硫代羰基丙烷磺酸钠、3-(苯并噻唑-2-巯基)-丙烷磺酸钠的混合物 | — | — | — | — | 0.003 | — |
| | 3-巯基丙烷磺酸钠、N,N-二甲基二硫代羰基丙烷磺酸钠、3-(苯并噻唑-2-巯基)-丙烷磺酸钠的混合物 | | | | | | 0.005 |
| E组分 | 聚乙二醇、聚丙醇和脂肪胺聚氧乙烯醚的混合物 | — | 10 | — | — | — | — |
| | 脂肪胺聚氧乙烯醚 | — | — | 10 | — | 10 | — |
| | 聚丙醇和脂肪胺聚氧乙烯醚的混合物 | — | — | — | 10 | — | 30 |
| F组分 | 聚乙烯亚胺、碱性黄和聚胺盐的混合物 | — | — | 0.002 | 0.002 | 0.002 | — |
| | 聚乙烯亚胺 | — | — | — | — | — | 0.005 |
| 去离子水 | | 加至1000mL | 加至1000mL | 加至1000mL | 加至1000mL | 加至1000mL | 加至1000mL |

**制备方法** 将各组分原料混合均匀即可。

通、盲孔共镀电镀液的电镀方法：将通、盲孔金属化，使用所述的通、盲孔共镀电镀液对金属化后的通、盲孔进行电镀。通孔和盲孔经一次电镀就能取得很好的效果。本品中孔的高度为0.025~1mm，孔径为30~300μm。

**产品特性** 本品的总有机含碳量低，电镀铜的延展性和抗热冲击性强，电镀时间短，工艺简单，使用的电流密度高，电镀深镀能力最高达95%，有效地提高了通孔和盲孔的电镀可靠性。

## 配方 16 铜的电镀液

原料配比

| 原料 | | 配比/g | | | | |
|---|---|---|---|---|---|---|
| | | 1# | 2# | 3# | 4# | 5# |
| 铜盐 | 硫酸铜 | 40 | — | — | — | — |
| | 碱式碳酸铜 | — | 55 | 60 | 50 | 70 |
| 配位剂 | EDTA | 120 | — | — | — | — |
| | 酒石酸钠 | — | 125 | — | 135 | — |
| | 柠檬酸钠 | — | — | 125 | — | 140 |
| 导电盐 | 硫酸钾 | 20 | — | — | — | — |
| | 硝酸钾 | — | 25 | 30 | 35 | 40 |
| 光亮剂 | 硫代硫酸钠 | 0.02 | — | — | — | — |
| | 硫氰酸钾 | — | 0.04 | 0.05 | 0.06 | 0.07 |
| 阴极活化剂 | 氯化钾 | 0.04 | 0.05 | — | 0.06 | — |
| | 氯化钠 | — | — | 0.05 | — | 0.07 |
| | 整平剂 | 0.07 | 0.085 | 0.09 | 0.1 | 0.12 |
| 水 | | 加至 1000mL | 加至 1000mL | 加至 1000mL | 加至 1000mL | 加至 1000mL |

**制备方法** 将各组分原料混合均匀即可。

**产品特性**

(1) 本品配方简单,绿色环保,无毒害;

(2) 电镀的铜薄膜光亮效果好、均一性高;

(3) 工艺条件温和,易于实现;

(4) 铜镀层平整性好,且电镀本领好;

(5) 镀层结合强度良好,满足装饰性电镀和功能性电镀等多领域的应用。

## 配方 17 铜电镀液

原料配比

| 原料 | 配比/g | | |
|---|---|---|---|
| | 1# | 2# | 3# |
| 焦磷酸铜 | 70 | 80 | 90 |
| 焦磷酸钾 | 300 | 320 | 350 |
| 氨水 | 2mL | 4mL | 5mL |
| 去离子水 | 加至 1000mL | 加至 1000mL | 加至 1000mL |

**制备方法** 将各组分原料混合均匀即可。

**产品应用** 电镀工艺:采用空气或机械搅拌铜电镀液,铜电镀液温度为 50~60℃,阴极电流密度为 2~5A/dm$^2$,电镀时间为 12~25min。

**产品特性** 本品主要用于锌合金和铁件镀铜,使工件表面不易被氧化而生锈,也可以用于电镀的底镀层,增大镀层结合力。本品没有使用氰化物,废水容易处理,生产成本低,不会污染环境。

## 配方 18　微酸性体系电镀光亮铜的电镀液

**原料配比**

| 原料 | | 配比/g | | | | | | |
|---|---|---|---|---|---|---|---|---|
| | | 1# | 2# | 3# | 4# | 5# | 6# | 7# |
| 硼酸 | | 20 | 25 | 30 | 22 | 28 | 28 | 25 |
| 柠檬酸钠 | | 45 | 50 | 55 | 48 | 55 | 52 | 50 |
| 乙二胺四乙酸二钠 | | 25 | 30 | 35 | 28 | 32 | 30 | 28 |
| 酒石酸钠 | | 8 | 10 | 12 | 9 | 11 | 11 | 10 |
| 硫酸铜 | | 25 | 30 | 35 | 26 | 32 | 30 | 28 |
| 硫酸钠 | | 15 | 20 | 25 | 18 | 25 | 20 | 18 |
| 柔软分散剂 | | 10mL | 12mL | 15mL | 12mL | 15mL | 14mL | 12mL |
| 光亮剂 | | 10mL | 12mL | 15mL | 12mL | 15mL | 14mL | 12mL |
| 水 | | 加至 1000mL | 加至 1000mL | 加至 1000mL | 加至 1000mL | 加至 1000mL | 加至 1000mL | 加至 1000mL |
| 柔软分散剂 | 邻苯甲酰磺酰亚胺 | 100 | 120 | 110 | 115 | 105 | 100 | 120 |
| | 2-乙基己基硫酸酯钠 | 20 | 30 | 25 | 22 | 28 | 30 | 20 |
| | 水 | 加至 1000mL | 加至 1000mL | 加至 1000mL | 加至 1000mL | 加至 1000mL | 加至 1000mL | 加至 1000mL |
| 光亮剂 | 烟酸 | 15 | 25 | 20 | 22 | 18 | 25 | 25 |
| | 异烟酸 | 15 | 25 | 20 | 22 | 18 | 15 | 15 |
| | 聚乙烯吡咯啉酮 | 5 | 10 | 8 | 9 | 6 | 5 | 5 |
| | 水 | 加至 1000mL | 加至 1000mL | 加至 1000mL | 加至 1000mL | 加至 1000mL | 加至 1000mL | 加至 1000mL |

**制备方法**

（1）将硼酸、柠檬酸钠、乙二胺四乙酸二钠、酒石酸钠、硫酸铜、硫酸钠依次溶于温度为 50～70℃的水中，充分搅拌均匀，得到混合液；

（2）向步骤（1）所得混合液中加入 1～2g 粉状活性炭，充分搅拌 0.5～1.5h，进行过滤处理，得到滤液；

（3）向步骤（2）所得滤液中加入柔软分散剂、光亮剂，再加入适量水充分搅拌均匀，最后定容即可。

**产品应用**　电镀工艺：电镀温度为 40～50℃，电镀液的 pH 值为 4.5～5.5，阴极电流密度为 0.2～3.0A/dm²。

**产品特性**

（1）本品克服了碱性溶液镀铜和酸性溶液镀铜的缺点，保留了两者的优点。镀液中含有二价铜盐——硫酸铜，采用三重配位剂充分保证了它们对 $Cu^{2+}$ 的配位作用，使镀液长期稳定，不易产生有害的 $Cu^{2+}$；三重配位作用使得 Cu 在钢铁件基体上不易产生置换反应，故铜层与铁基体结合强度好。

（2）采用本品电镀可得到光亮、结晶致密高、密度高、结合强度好的铜镀层，阴极电流效率在 56%～80%之间。

## 配方 19　稳定性电镀液

**原料配比**

| 原料 | | 配比/g | | |
|---|---|---|---|---|
| | | 1# | 2# | 3# |
| 五水硫酸铜 | | 70 | 77 | 85 |
| 硫酸 | | 96mL | 100mL | 108mL |
| 盐酸 | | 0.044 | 0.05 | 0.065 |
| 加速剂 | | 0.5mL | 0.7mL | 0.9mL |
| 湿润剂 | | 13mL | 16mL | 20mL |
| 分散剂 | 十二烷基苯磺酸钠 | 0.5mL | 1mL | 1.5mL |
| 去离子水 | | 加至 1000mL | 加至 1000mL | 加至 1000mL |
| 加速剂 | 甲硫醇 | 40 | 45 | 50 |
| | 乙硫醇 | 30 | 35 | — |
| | 乙二硫醇 | 10 | 15 | 20 |
| | 1-丙硫醇 | 10 | 15 | 20 |
| | 1,3-丙二硫醇 | 5 | 8 | 10 |
| 润湿剂 | 二聚醇 | 40 | 50 | 60 |
| | 聚乙炔醇 | 20 | 30 | 40 |
| | 聚乙烯醇 | 20 | 30 | 40 |
| | 聚丙酮醇 | 20 | 25 | 30 |

**制备方法**　将各组分原料混合均匀即可。

**产品应用**　本品是一种主要用于各种工业电镀领域的稳定性电镀液。

**产品特性**

(1) 本品添加有加速剂，能使电镀液高度活化，快速沉铜，并能保护沉铜液，提高电镀液的稳定性；

(2) 本品添加有润湿剂，使不溶于水或不为水湿润的其他成分能够被水浸湿，降低了电镀液的表面张力，使各种成分充分混合，提高了电镀液的均镀能力；

(3) 本品具有稳定性好、均镀能力强、电镀速度快的优点，广泛应用于各种工业电镀领域。

## 配方 20　无氰电镀纳米晶铜用电镀液

**原料配比**

| 原料 | 配比/g | | 原料 | 配比/g | |
|---|---|---|---|---|---|
| | 1# | 2# | | 1# | 2# |
| 五水硫酸铜 | 200 | 200 | 硫脲 | 0.01 | 0.01 |
| 柠檬酸钠 | 235 | 235 | 十二烷基硫酸钠 | 0.05 | 0.05 |
| 硫酸铵 | 45 | — | 去离子水 | 加至 1000mL | 加至 1000mL |
| 硝酸铵 | — | 45 | | | |

**制备方法**

(1) 称取五水硫酸铜，配制成硫酸铜溶液。

(2) 向步骤 (1) 得到的硫酸铜溶液中加入主配位剂柠檬酸钠、硫酸铵或硝酸铵，搅拌溶解，再加入添加剂硫脲和十二烷基硫酸钠。

(3) 待步骤 (2) 中所加试剂完全溶解之后，用氢氧化钠调节溶液 pH 值为 8.7~

10.5；过滤所配制的电解液除去可能存在的杂质，得到无氰电镀纳米晶铜用电镀液。

**产品应用**　无氰电镀纳米晶铜用电镀液电镀方法：

（1）在无氰电镀纳米晶铜用电镀液中，以紫铜板为阳极，纯铜片为阴极，直流稳压电源为工作电源，在室温和磁力搅拌的条件下电沉积纳米晶铜，电流密度范围为 $1\sim4A/dm^2$。

（2）沉积完毕之后将阴极取出，先在柠檬酸溶液中清洗，再用去离子水洗净、吹干，即可得到纳米晶铜镀层。

**产品特性**　本品通过以柠檬酸盐为主要配位剂，硫酸铵为辅助配位剂，发展了一种环境友好的碱性条件下制备纳米晶铜的电沉积方法。本品所使用的配位剂柠檬酸钠无毒、无污染、价格低廉；电解液配方和制备工艺简单、重复性好、产物力学强度高。所制备产物的显微硬度可以达到紫铜片的两倍以上。

## 配方 21　无氰镀铜电镀液

**原料配比**

| 原料 | | 配比/g | | | | | | |
|---|---|---|---|---|---|---|---|---|
| | | 1# | 2# | 3# | 4# | 5# | 6# | 7# |
| 硫酸铜 | | 50 | 50 | 50 | 45 | 40 | 60 | 50 |
| 海因 | | 120 | 120 | 120 | 100 | 80 | 780 | 130 |
| 柠檬酸 | | 30 | 30 | 30 | 30 | 20 | 40 | 30 |
| 细化剂 | | 0.7 | 0.5 | 0.6 | 0.45 | 0.2 | 15 | 7.5 |
| 速成剂 | | 4.4 | 4.4 | 3.6 | 4.7 | 0.3 | 80 | 40 |
| 去离子水 | | 加至1000mL | 加至1000mL | 加至1000mL | 加至1000mL | 加至1000mL | 加至1000mL | 加至1000mL |
| 细化剂 | 甲基硫脲 | 0.4 | — | — | — | — | — | — |
| | 烯丙基硫脲 | — | 0.3 | — | — | — | — | — |
| | 苯基硫脲 | — | — | 0.4 | — | — | — | — |
| | N-苯甲酰基-N'-对羟基苯基硫脲 | — | — | — | 0.35 | — | — | — |
| | 乙基硫脲 | — | — | — | — | 0.1 | — | — |
| | 硫代乙酰胺 | — | — | — | — | — | 10 | — |
| | 苯基硫脲、甲苯基硫脲和氯苯基硫脲组成的混合物 | — | — | — | — | — | — | 5 |
| | 硝酸铋 | 0.3 | 0.2 | 0.2 | 0.1 | 0.1 | 5 | 2.5 |
| 速成剂 | 聚乙二醇(分子量为400) | 0.8 | 0.8 | 1.2 | 1.2 | — | — | 5 |
| | 聚乙二醇(分子量为300) | — | — | — | — | 0.1 | — | — |
| | 聚乙二醇(分子量为600) | — | — | — | — | — | 10 | — |
| | 苹果酸 | 1.6 | 1.6 | 1 | 1.5 | 0.1 | 30 | 15 |
| | 丁二酸钠 | 2 | 2 | 1.4 | 2 | 0.1 | 40 | 20 |

**制备方法**

（1）制备细化剂：使用去离子水溶解硫脲改性衍生物、硫代乙酰胺和硝酸铋，搅拌制得澄清的细化剂；

（2）制备速成剂：使用去离子水溶解聚乙二醇、苹果酸和丁二酸钠，搅拌制得澄清的速成剂；

（3）制备电镀液：使用去离子水溶解硫酸铜、海因和柠檬酸，搅拌至澄清后，向其中加入步骤（1）制得的细化剂和步骤（2）制得的速成剂并混合均匀，然后使用去离子水定容即可制得所述电镀液。

**产品应用**　所述电镀液的工作 pH 值为 9.0～12，工作温度为 40～60℃，阴极电流密度为 0.1～5A/dm$^2$。

**产品特性**　本电镀液解决了现有无氰镀铜电镀液出光速度慢、光亮度低、镀液电流效率不高、镀层柔软性不高的技术问题。本品非常稳定，容易控制，电镀液分散能力和覆盖能力好；该电镀液电流效率高于氰化电镀液，能达到 50％～70％；晶粒细化尺寸达 20～80nm，是氰化镀铜的 1/3～1/2，镀层均匀，柔软性好；电镀液为无氰电镀液，消除了氰化物潜在的危险，大大减轻了对环境的污染。

## 配方 22　含有镀铜光亮剂的无氰电镀液

**原料配比**

| 原料 | | | 配比/g | | | |
|---|---|---|---|---|---|---|
| | | | 1# | 2# | 3# | 4# |
| 硫酸铜 | | | 50 | 50 | 50 | 50 |
| 柠檬酸盐 | | | 30 | 30 | 30 | 30 |
| 光亮剂 | | | 140 | 100 | 140 | 200 |
| 去离子水 | | | 加至 1000mL | 加至 1000mL | 加至 1000mL | 加至 1000mL |
| 光亮剂 | A组分 | 5,5-二甲基海因 | 120 | 40 | 120 | 60 |
| | | 1,3-二氯-5,5-二甲基乙内酰脲 | — | 40 | — | 60 |
| | | 3-氯-5,5-二甲基乙内酰脲 | — | 40 | — | — |
| | B组分 | 5,5-二甲基-3-［2-(乙烯基氨基)乙基]咪唑烷-2,4-二酮 | 90 | 90 | 45 | 45 |
| | | 1-溴-3-氯-5,5-二甲基-2,4-咪唑啉啶二酮 | — | — | 45 | 45 |

**制备方法**

（1）制备光亮剂

① 称量好所需的组分；

② 分别使用去离子水溶解各种组分并制备成相应的水溶液；

③ 将步骤②的各水溶液混合均匀，定容即可制得所述光亮剂。

（2）将光亮剂、硫酸铜、柠檬酸盐混合均匀，定容即可得到所述的电镀液。

**产品特性**

（1）本品在较宽的电流密度范围内，可获得好的光亮镀层，镀层延展性能好、内应力低。制备的电镀液为无氰配方，消除了氰化物潜在的危险，大大减轻了对环境的污染。

（2）本品的光亮剂通过在阴极表面吸附或者与金属离子配合，使金属离子在阴极结晶还原的电位变负，导致阴极的极化增大，晶核的形成速度大于晶粒的成长速度，结晶变细，产生光亮效果；解决了现有无氰镀铜电镀液出光速度慢、光亮度低、电流效率不高、镀层柔软性不高的技术问题。

## 配方 23 无氰黄铜电镀液

**原料配比**

| 原料 | 配比/g | | | |
|---|---|---|---|---|
| | 1# | 2# | 3# | 4# |
| 聚合硫氰酸钾铵 | 125 | 128 | 120 | 130 |
| 聚合硫氰酸亚铜 | 19 | 21 | 18 | 22 |
| 聚合硫氰酸锌 | 6 | 7 | 5 | 8 |
| 氨水 | 1.2mL | 1.8mL | 1.0mL | 2.0mL |
| 去离子水 | 加至 1000mL | 加至 1000mL | 加至 1000mL | 加至 1000mL |

**制备方法**

(1) 取用总体积 50% 的去离子水，加入无氰电镀配位剂，调温至 35～45℃，搅拌至完全溶解。

(2) 用水溶解无氰电镀铜盐调成糊状，加入步骤 (1) 的混合物中，边加边搅拌至完全溶解；用水溶解无氰电镀锌盐调成糊状，加入上述混合物中，边加边搅拌至完全溶解。

(3) 加入氨水，搅拌均匀。

(4) 加去离子水定容。

(5) 加入活性炭吸附，过滤。

(6) 调温至 35～45℃，即得电镀液。

**原料介绍** 所述的无氰电镀配位剂为聚合硫氰酸钾铵，所述的无氰电镀铜盐为聚合硫氰酸亚铜，所述的无氰电镀锌盐为聚合硫氰酸锌。

**产品应用** 电镀时，控制电流密度为 $0.5～1 A/dm^2$，工作 pH 值为 $9.5～10.5$，工作温度为 35～45℃。

**产品特性**

(1) 本黄铜电镀液有效地降低了电镀排水中氰根的含量，对环境造成的污染小，符合国家清洁生产的标准。

(2) 使用本无氰黄铜电镀液制备的黄铜镀层呈青黄色，无发雾现象，耐腐蚀性能好，稳定性高。

(3) 操作简单，有效改善了现场操作环境。

## 配方 24 无氰碱性镀铜电镀液

**原料配比**

| 原料 | 配比/g | | |
|---|---|---|---|
| | 1# | 2# | 3# |
| 硫酸铜 | 5 | 27 | 50 |
| 乙酸钠 | 25 | 50 | 2 |
| 5,5-甲基海因 | 100 | 5 | 52 |
| 葡萄糖酸钠 | 51 | 2 | 100 |
| 氯化钠 | 15 | 30 | 1 |

| 原料 | 配比/g | | |
| --- | --- | --- | --- |
| | 1# | 2# | 3# |
| 丁二酸 | 30 | 25 | 1 |
| 四乙烯五胺 | 22 | 2 | 40 |
| 噻唑 | 0.001 | 0.1 | 0.05 |
| 去离子水 | 加至1000mL | 加至1000mL | 加至1000mL |

**制备方法** 将各组分原料混合均匀即可。

**产品应用** 本品用于钢铁、铜基体镀铜，也可用于铝合金、锌合金压铸件基体直接镀铜。

以铁基体为例，无氰碱性镀铜电镀液电镀工艺包括以下步骤：

（1）精抛打磨：使用打磨机对待镀工件进行精抛光，抛光到表面粗糙度（$R_a$）小于等于0.1。

（2）化学除油：使用LD-1146化学除油剂处理经（1）步打磨过的工件，操作温度70℃，处理时间10min。

（3）电解除油：以LD-1160为电解液，以化学除油后工件为阴极，纯铁板为阳极，在电流密度5A/dm²、操作温度维持在60℃条件下，阴极除油5min。

（4）酸洗活化：将上述电解除油后的工件浸入20%的盐酸溶液中酸洗并活化1min，干燥待用。

（5）施镀：将电镀液倒入电镀槽中，以经过预处理的待镀工件基体为阴极，纯铜板为阳极，控制阴、阳极板面积比为1∶2.5，电流密度为0.2～4.0A/dm²、操作温度为55～60℃，用30%硫酸或40%氢氧化钾调节溶液pH为8.5～9.5，施镀过程中保持空气搅拌，电镀30～60min。

**产品特性** 经该工艺电镀获得的铜镀层与基体之间有着良好的结合强度，深镀能力和均镀能力均优于氰化镀铜工艺，镀层孔隙率、韧性均能达到氰化镀铜工艺水平。该镀铜电镀液稳定性好，电流效率高，废水处理简单，镀层均匀致密、柔软、光亮，不具憎水性，不需除膜，可直接用于后续其他金属电镀。

## 配方25 无氰碱性镀铜的电镀液

**原料配比**

| 原料 | 配比/g | 原料 | 配比/g |
| --- | --- | --- | --- |
| $CuSO_4 \cdot 5H_2O$ | 25 | 无氰碱性镀铜添加剂 | 120mL |
| KOH | 95 | 去离子水 | 加至1000mL |
| $K_2CO_3$ | 40 | | |

**制备方法**

（1）取总体积30%的去离子水，按量加入无氰碱性镀铜添加剂，搅拌均匀。

（2）按量加入$CuSO_4 \cdot 5H_2O$，搅拌均匀。

（3）在另一容器中将KOH用3倍质量的水溶解，冷却到60℃以下后用来调节电镀液pH值。

（4）按量加入 $K_2CO_3$，搅拌均匀。

（5）补水至规定体积。

（6）镀件镀前必须用 pH 值 9.0～11.0 的 KOH 溶液预浸。

（7）pH 值高时用添加剂调节，pH 值低时用 KOH 溶液调节。

**产品应用**　电镀最佳环境：所述无氰碱性镀铜电镀液的工作温度为 40～60℃，工作 pH 值为 9.0～10.5，阴极电流密度为 0.5～4A/dm²，无氰碱性镀铜添加剂的消耗量为 400～800mL/KAH。

具体的电镀工艺：取厚度为 2mm 的经布轮抛光成镜面的 TC4 钛合金片 6cm×10cm 作为阴极试片，将赫尔槽放在恒温（40～60℃）水浴槽中，以电解铜为阳极，在恒定的电流密度下进行试验。镀片的前处理工艺：碱液除油→热水漂洗→自来水冲洗→酸洗活化→自来水冲洗→去离子水冲洗→钛合金无氰碱铜电镀→自来水冲洗→吹干。

**产品特性**

（1）本品电镀形成的镀层既具有玫瑰金色光泽，又具有质轻、高强等特点，进一步提高了材料的耐磨性能及耐老化性能，为钛合金材料的装饰开辟了新途径。同时该电镀液稳定性高，生产成本较低，也不使用氰化物，可以有效减轻对环境的污染。

（2）本品中加入了导电盐，可以增强镀液的导电性，改善铜沉积质量。其中，钾盐导电性优于钠盐，溶解性也更好；碳酸根有助于调节镀液的酸碱稳定性，同时与其他金属杂质反应可提高镀液的稳定性。加入 $OH^-$ 有助于铜盐的配合，在电镀过程中，生成含 $OH^-$ 的稳定配合物，从而降低阴极反应电位。

## 配方 26　碱性镀铜无氰电镀液

**原料配比**

| 原料 | | 配比/g | | | | | | | |
|---|---|---|---|---|---|---|---|---|---|
| | | 1# | 2# | 3# | 4# | 5# | 6# | 7# | 8# |
| $N,N,N'$-三(2-羟丙基)-$N''$-羟乙基乙二胺 | | 20 | 30 | 40 | 25 | 35 | 45 | 40 | 30 |
| 四羟丙基乙二胺 | | 6 | — | — | 8 | 7 | 4 | 3 | 8 |
| 二溴海因 | | 0 | 0.3 | 0.2 | 0.35 | 0.25 | 0.4 | 0.28 | 0.4 |
| 柠檬酸盐 | 柠檬酸钾 | 35 | 35 | 35 | 35 | 35 | 35 | 35 | 35 |
| 无机碱 | 氢氧化钾 | 55 | 55 | 55 | 55 | 55 | 55 | 55 | 55 |
| 导电盐 | 硝酸钾 | 46 | 46 | 46 | 46 | 46 | 46 | 46 | 46 |
| | 碳酸钾 | 40 | 40 | 40 | 40 | 40 | 40 | 40 | 40 |
| 铜盐 | 硫酸铜 | 38.5 | 38.5 | 38.5 | 38.5 | 38.5 | 38.5 | 38.5 | 38.5 |
| 水 | | 加至1000mL | 加至1000mL | 加至1000mL | 加至1000mL | 加至1000mL | 加至1000mL | 加至1000mL | 加至1000mL |

**制备方法**　将上述各组分溶解在水中，搅拌混合均匀即得无氰碱性镀铜电镀液。

**产品特性**　本品在保证镀层与基体具有较强结合力的同时，还可以保证镀层具有较高的均匀性。采用该电镀液对具有不规则形状的基体进行电镀，同样可以得到厚度均匀的电镀层，满足需求。

## 配方 27　无氰镀铜电镀液

**原料配比**

| 原料 | | 配比(质量份) | | | | | |
|---|---|---|---|---|---|---|---|
| | | 1# | 2# | 3# | 4# | 5# | 6# |
| 一价铜化合物 | 氧化亚铜 | 17 | 17 | 25 | 10 | 17 | 17 |
| pH调节剂 | 氢氧化钠 | 1 | 1 | 1 | — | 1 | 1 |
| | 氢氧化钾 | — | — | — | 13 | — | — |
| | 甘氨酸 | — | — | — | 20 | — | — |
| 非氰主配位剂 | N'-氨乙基-苯甲酰硫脲 | 68 | 40 | — | 30 | 10 | 150 |
| | 乙酰硫脲 | — | — | 45 | — | — | — |
| 辅助配位剂 | 酒石酸钾钠 | 8 | — | 20 | 10 | 8 | 8 |
| | 柠檬酸钾 | — | 30 | — | — | — | — |
| 光亮剂 | 2-甲巯基苯并咪唑 | 10 | — | — | — | 10 | 10 |
| | 2-巯基苯并噻唑 | — | 10 | — | — | — | — |
| | 聚乙烯亚胺季铵盐 | — | — | 3 | 2 | — | — |
| 去离子水 | | 加至1000mL | 加至1000mL | 加至1000mL | 加至1000mL | 加至1000mL | 加至1000mL |

**制备方法**　将各组分原料混合均匀即可。

**产品应用**　本品主要用于锌合金、铝合金、钕铁硼及钢铁基材的打底电镀，还适用于滚镀及挂镀工艺。

所述无氰碱性镀铜电镀液的 pH 值为 8.5～13.5。

电镀工艺：温度 30～80℃，阴极电流密度 0.2～5A/dm$^2$，阳极铜作阳极。

**产品特性**

(1) 本品不含氰化物、磷等污染物，废水处理简单，符合环保要求。体系中的铜离子呈一价，电镀时，每形成一个铜原子只需消耗一个电子，能耗少，比传统的二价无氰镀铜工艺节约电能。

(2) 本品采用的配位剂分子中有两个双键上的原子能参与同一个铜离子的配合，配合能力强，获得的镀层光亮、平整性好、分散能力佳。

(3) 本品与氰化镀铜溶液兼容，可在氰化镀铜液基础上直接转缸。

## 配方 28　新型镀铜电镀液

**原料配比**

| 原料 | 配比(质量份) | | 原料 | 配比(质量份) | |
|---|---|---|---|---|---|
| | 1# | 2# | | 1# | 2# |
| 酒石酸钾钠 | 5 | 10 | 氯化钾 | 3 | 5 |
| 二甲苯磺酸钠 | 2 | 5 | 磷酸三钠 | 3 | 5 |
| 钨酸钠 | 3 | 5 | 偏磷酸钠 | 4 | 5 |
| 海藻酸钠 | 2 | 5 | 三聚氰酸 | 5 | 6 |
| 三聚磷酸钠 | 2 | 3 | 硫氰酸钠 | 10 | 15 |
| 氢氧化铜 | 2 | 3 | 硫氰化钾 | 10 | 15 |
| 氯化镁 | 5 | 8 | 尿素 | 8 | 10 |
| 硫酸亚铁 | 20 | 30 | 氯化镍 | 10 | 15 |
| 硝酸铜 | 30 | 40 | 硝酸镍 | 10 | 15 |
| 亚硝酸钠 | 5 | 10 | 去离子水 | 250 | 300 |

**制备方法** 将各组分原料混合均匀即可。

**产品特性** 本品性能理想，节能环保，有良好的覆盖能力和分散能力，有效减轻对环境的污染。

## 配方 29 新型阳极电镀液

**原料配比**

| 原料 | | | 配比/g | | | | | |
|---|---|---|---|---|---|---|---|---|
| | | | 1# | 2# | 3# | 4# | 5# | 6# |
| 阳极电镀液 | 硫酸铜 | | 240 | 200 | 35 | 150 | 100 | 35 |
| | 硫酸 | | 50 | 90 | 120 | 90 | 60 | 219 |
| | 还原剂 | 亚硫酸钠 | 0.01 | — | — | — | — | — |
| | | 硫酸羟胺 | — | 10 | — | — | 50 | — |
| | | 硫代硫酸钠 | — | — | 80 | — | — | 0.01 |
| | | 硫酸亚铁 | — | — | 20 | — | — | — |
| | | 盐酸羟胺 | — | — | — | 20 | 50 | — |
| | | 水合肼 | — | — | — | 30 | — | — |
| | | 亚磷酸钠 | — | — | — | — | 20 | — |
| | | 次亚磷酸钠 | — | — | — | — | 30 | — |
| | 水 | | 加至1000mL | 加至1000mL | 加至1000mL | 加至1000mL | 加至1000mL | 加至1000mL |
| 阴极电镀液 | 硫酸铜 | | 240 | 150 | 35 | 100 | 100 | 35 |
| | 硫酸 | | 50 | 150 | 220 | 190 | 220 | 220 |
| | 盐酸 | | 0.01 | 0.2056 | — | 10.282 | 4.078 | 0.01 |
| | 氯化钠 | | — | — | 8.239 | — | 5 | — |
| | 水 | | 加至1000mL | 加至1000mL | 加至1000mL | 加至1000mL | 加至1000mL | 加至1000mL |

**制备方法** 将各组分原料混合均匀即可。

**产品应用** 所述的新型阳极电镀液的酸性电镀铜工艺：

（1）用隔膜将电镀槽分隔为阳极槽和阴极槽，阴极槽和阳极槽之间能够进行铜离子交换，向阴极槽中加入主成分为硫酸铜和硫酸的阴极电镀液，向阳极槽中加入所述的新型阳极电镀液。

（2）将阴极镀件与电源负极连接并浸入阴极电镀液中，将作为阳极的金属铜与电源正极连接并浸入新型阳极电镀液中；所述金属铜指纯铜和铜与其他非磷金属的合金，可以为任意形状，例如粉状、条状、颗粒状或片状；所述金属铜可以独立连接到阳极电源上作为电镀阳极使用，也可以装载于外包阳极袋的钛篮，再将钛篮连接到阳极电源上作为电镀阳极使用。

（3）接通电源并进行电镀作业，达到设定的电镀时间后切断电源，将阴极镀件移出液面，取下镀好的镀件。

**产品特性**

（1）本工艺使用不含磷的金属铜作为阳极进行电镀作业，电镀产生的废液中不含磷，环保处理成本低，有效避免了含磷废液对环境的污染及对人类健康的威胁。

（2）在阳极电镀液中添加了还原剂，无需担心阳极金属铜的氧化问题。对金属铜的材质和纯度要求较低，可直接使用由印刷线路板产生的蚀刻铜废液中回收得到的铜作为阳极材料，极大地降低生产成本，避免资源浪费。

（3）本工艺的电流效率不低于现有的酸性电镀铜工艺的电流效率，甚至能高达100%；电镀形成的镀层晶体平整密致，符合本行业对酸性电镀产品的品质要求。

（4）在使用阳离子膜作为隔膜时，阴极电镀液中的氯离子不会进入阳极电镀液中，避免了因氯化亚铜沉淀生成并覆于阳极金属铜表面而导致的电镀槽压大，节省了能源。

## 配方30　用于得到镀层为古青铜的电镀液

**原料配比**

| 原料 | 配比（质量份） | | |
|------|------|------|------|
| | 1# | 2# | 3# |
| 硫酸铜 | 14 | 12 | 15 |
| 过硫酸铵 | 7 | 4 | 10 |
| 二氧化硒 | 0.9 | 0.7 | 1.2 |
| 硝酸 | 70 | 80 | 60 |
| 硫酸 | 25 | 30 | 20 |
| 高硼酸钠 | 0.3 | 0.4 | 0.2 |
| 水 | 100 | 100 | 100 |

**制备方法**　将各组分混合并搅拌均匀得到所述电镀液。

**原料介绍**

所述高硼酸钠的颗粒过10~50目筛得到。

所述电镀液的pH值为2~4。

**产品特性**　采用此电镀液使镀件获得保护层，增加了金属镀件的耐腐蚀性，改变了金属镀件的性能，使其具有更好的韧性。金属镀件表面的古青铜镀层使用时间长，不容易脱落和变色。

# 4

# 镀金液

## 配方 1　仿金电镀液

原料配比

| 原料 | 配比/g | | 原料 | 配比/g | |
|---|---|---|---|---|---|
| | 1# | 2# | | 1# | 2# |
| 硫酸亚铜 | 80 | 85 | 氰化银 | 15 | 20 |
| 氯化铜 | 80 | 90 | 磷酸三钠 | 5 | 6 |
| 氯化钠 | 10 | 15 | 偏磷酸钠 | 5 | 8 |
| 硫氰酸铵 | 10 | 12 | 柠檬酸 | 8 | 10 |
| 硫氰化钾 | 8 | 10 | 氟化镁 | 8 | 10 |
| 氰化钾 | 20 | 30 | 氟化钡 | 8 | 10 |
| 氰化金钾 | 40 | 45 | 氟硅酸钠 | 6 | 10 |
| 氢氧化锌 | 8 | 10 | 氟化铝 | 8 | 10 |
| 氰化钡 | 15 | 20 | 去离子水 | 加至1000mL | 加至1000mL |
| 氰化钙 | 20 | 25 | | | |

**制备方法**　将各组分原料混合均匀即可。

**产品特性**　本仿金电镀液的成本低，电镀性能良好，原料来源广，配制简单，性能稳定，电镀效果好。

## 配方 2　环保仿金电镀液

原料配比

| 原料 | 配比/g | | |
|---|---|---|---|
| | 1# | 2# | 3# |
| 焦磷酸钾 | 200 | 180 | 150 |
| 硫酸铜 | 50 | 45 | 40 |
| 焦磷酸锡 | 5 | 4 | 3 |
| 硫酸锌 | 15 | 10 | 5 |
| 丙三醇 | 30 | 19 | 10 |
| 丁二酰亚胺 | 30 | 20 | 10 |

| 原料 | 配比/g | | |
|---|---|---|---|
| | 1# | 2# | 3# |
| 氨三乙酸 | 30 | 20 | 20 |
| 焦磷酸 | 100 | 85 | 70 |
| 苯并三唑 | 10 | 6 | 6 |
| 去离子水 | 加至1000mL | 加至1000mL | 加至1000mL |

**制备方法** 将各组分原料混合均匀即可。

**产品应用** 仿金电镀液的电镀方法包括以下步骤：

(1) 镀件基材表面前处理：不锈钢基材打磨抛光后，放入丙酮中超声清洗5~10min，浸入无水乙醇中1min，用去离子水冲洗，然后放入HF[2%~3%（体积分数）]和$H_2SO_4$[10%（体积分数）]的混合溶液中腐蚀活化5~10s，最后用去离子水冲洗3次，超去离子水浸泡一次，晾干后放入烘箱中烘干；所述的烘干使用的温度为60~110℃。

(2) 光亮镀铜：真空蒸镀或磁控溅射光亮铜层；所述光亮铜层的厚度为5~10μm。

(3) 仿金电镀：将步骤（2）处理得到的光亮铜镀件放入盛有仿金电镀液的镀槽内，在20~60℃下，通气搅拌，电流密度为0.05~2.2A/dm²，电镀完成后用去离子水清洗、吹干；电镀时间为3~15min，用氢氧化钾或氢氧化钠调节pH为7~9.3，电镀液温度为20~55℃。

(4) 钝化处理：将具有仿金镀层的镀件放入钝化液中钝化60~120s，钝化完成后洗净、吹干，于70~110℃烘干。

(5) 涂保护膜：在步骤（4）钝化后的镀件表面喷涂一层有机涂料。

**产品特性** 该仿金电镀液环保，采用多种配位剂进行配位，电镀液稳定性好、易于维护。采用本品及上述电镀方法得到的仿金层色泽金黄、光亮性好、与镀件基材之间结合强度好，整平能力佳，覆盖能力优异，该方法电流密度适用范围宽，重复性好。

## 配方3 环保无氰镀金电镀液

**原料配比**

| 原料 | 配比/g | | |
|---|---|---|---|
| | 1# | 2# | 3# |
| 半胱氨酸亚金胺 | 8 | 35 | 22.3 |
| 2-硫代-5,5-二甲基乙内酰脲 | 10 | 110 | 86 |
| 三乙基胺 | 20 | 38 | 32 |
| 柠檬酸 | 15 | 27 | 20 |
| 肌醇 | 1 | 2 | 2 |
| 聚乙二醇 | 0.5 | 2 | 2 |
| 烷基酚聚氧乙烯醚 | 8 | 10 | 11 |
| 磷酸铵 | 27 | 120 | 138 |
| 异烟酸 | 3 | 4~9 | 6.2 |
| 去离子水 | 加至1000mL | 加至1000mL | 加至1000mL |

**制备方法** 将各组分原料混合均匀，所述电镀液的pH用柠檬酸和磷酸铵调节

至 9～13。

**产品应用** 电镀方法包括以下步骤：

（1）无氰镀金电镀液制备。

（2）待镀工件前处理：将待镀工件表面打磨抛光后除油，然后进行酸性活化和中和清洗处理；待镀工件为铜片、镍片或其合金中的任意一种。除油分为碱性除油或超声除油。所述超声除油的条件：将抛光后的工件浸入体积比为1:1的丙酮和二氯甲烷混合溶液中，超声清洗1min，除去表面的有机物，之后采用无水乙醇超声清洗2min，再用去离子水冲洗2次，最后使用超去离子水冲洗1次。

（3）施镀：将步骤（2）前处理后的工件作为阴极，置于装有电镀液的霍尔槽内，以惰性极板作为阳极，通入电流进行电镀。惰性极板为铂片或石墨。电流以每分钟 $0.1\sim0.2A/dm^2$ 的速率从 $0\ A/dm^2$ 线性升高至 $4\sim6A/dm^2$，随后恒电流沉积 $20\sim30min$。在电镀的同时采用磁力搅拌器进行搅拌。

**产品特性** 本品为环保稳定的无氰电镀液，多次使用后镀液性能不下降。本品提供的该电镀液的电镀方法快速简单、重现性高，所得到的金膜光滑致密，光亮度和膜厚度均匀，且金薄膜与基体的结合力强、耐高温性好。

## 配方4 基于生物碱复合配位的一价金无氰镀金电镀液

**原料配比**

| 原料 | | 配比/g | | |
|---|---|---|---|---|
| | | 1# | 2# | 3# |
| 含金10g/L的一价金盐浓缩液 | | 50mL | 100mL | 200mL |
| 配位剂Ⅱ | 胸腺嘧啶 | 1 | — | — |
| | 次黄嘌呤 | — | 2 | — |
| | 黄嘌呤 | — | — | 5 |
| pH缓冲剂 | 三水合磷酸氢二钾 | 50 | 50 | 70 |
| | 十水合四硼酸钠 | 5 | 5 | 7 |
| | 一水合柠檬酸 | 5 | 5 | 7 |
| | 一水合柠檬酸钾 | 35 | 20 | 35 |
| 润湿剂 | | 0.08 | 0.120 | 0.200 |
| 添加剂 | 2,2'-联吡啶 | 0.1 | — | — |
| | 吡啶-3-磺酸 | — | 0.140 | — |
| | 菲罗啉 | — | — | 0.340 |
| 去离子水 | | 加至1000mL | 加至1000mL | 加至1000mL |

**制备方法**

（1）将 pH 缓冲剂（兼导电盐）加入去离子水中，搅拌，溶解；

（2）取浓缩液加入（1）所得溶液中；

（3）将配位剂Ⅱ溶解于去离子水中，加入（2）所得溶液中；

（4）向（3）所得溶液中继续加入润湿剂和添加剂，搅拌均匀；

（5）加入适量去离子水至1000mL，用质量浓度为10%的柠檬酸或10%的氢氧化钾水溶液调节电镀液 pH 值在8.5～12.7范围内。

**原料介绍**

所述一价金盐为含有一价金的亚硫酸钠溶液，为浓缩液，该浓缩液中一价金离子的质量浓度为 10～100g/L。

所述配位剂 I 包括亚硫酸钠。

所述配位剂 II 为生物碱，为胸腺嘧啶、尿嘧啶、胞嘧啶、6-氨基嘌呤、次黄嘌呤、黄嘌呤、可可碱、2-氨基-6-羟基嘌呤及其碱金属盐、铵盐中的至少一种；所述配位剂 II 与镀液中一价金的摩尔比为 (1.4～15):1，其质量浓度为 1～10g/L。

所述 pH 缓冲剂为三水合磷酸氢二钾、十水合四硼酸钠、一水合柠檬酸和一水合柠檬酸钾的混合物，也作导电盐。

所述润湿剂为蓖麻油聚氧乙烯醚、壬基酚聚氧乙烯醚磷酸酯、聚乙二醇辛基苯基醚以及月桂酸聚氧乙烯酯中的至少一种。

所述添加剂为 3-(4-咪唑基)-丙烯酸、2,2′-联吡啶、1-(3-磺丙基)-异喹啉甜菜碱、吡啶-3-磺酸、噻吩羧酸以及菲罗啉中的至少一种。

所述的含有一价金的亚硫酸钠溶液制备步骤如下：

(1) 在 500mL 规格的烧杯中，加入 20.8g 氯金酸（含金约 10g）和 200mL 去离子水，溶解；加入 60mL 浓度为 25%～28% 的氨水，此时，析出黄色无定型沉淀物"雷金"。

(2) 将烧杯放入水浴锅中，保持温度为 90℃±5℃，搅拌 15min，以除去过量的氨。在此过程中，需用去离子水将附着于烧杯壁的少量雷金冲入本体溶液中，防止雷金爆炸。

(3) 采用真空抽滤的方法过滤沉淀物，并用约 70℃ 的去离子水 2L 反复、多次洗涤沉淀物，除去沉淀物中的氯离子。

(4) 在 2000mL 规格的烧杯中，加入 900mL 去离子水和 180～290g 无水亚硫酸钠，维持 90℃ 并持续搅拌，逐渐加入雷金沉淀物，亚硫酸钠逐渐溶解，生成亚硫酸金钠，溶液近乎无色透明。

(5) 保持总体积在 950mL 左右。真空抽滤，收集滤液，将滤液转移至 1000mL 规格的容量瓶中，并用去离子水定容至 1000mL。所得溶液即为含金量为 10g/L 的亚硫酸金钠溶液。

**产品应用**　本品是一种基于生物碱复合配位的一价金无氰镀金电镀液。

电镀工艺参数：电流密度为 0.1～1.2A/dm$^2$，镀液温度为 30～60℃，镀层厚度为 0.1～0.8$\mu$m，阳极为镀铂钛网，电镀时搅拌镀液。所述电镀液用质量分数为 10% 柠檬酸或 10% 氢氧化钾水溶液调节 pH 值为 8.5～12.7。

以铜片作为基底材料，工艺流程为：超声波除油（50～70℃，时间 3～5min）→水洗→酸洗（质量浓度 5% 的稀硫酸，20～40s）→水洗→去离子水洗→电镀镍→水洗→去离子水洗→电镀金。

**产品特性**

(1) 一价金的优点在于：电镀过程中，电流利用率高于三价金，无三价金电还原时，镀层中可能夹杂一价金中间还原价态化合物。浓缩液的优点在于：其能够作为储存液，亚硫酸根与一价金的配位稳定常数为 1027，在一定时间范围内（长时间储存，亚硫酸根容易被空气氧化），可以极大程度地降低一价金离子发生歧化反应，利于存储。生物碱配位剂Ⅱ具有杂环芳香结构，N 或 O 原子上的孤对电子，不仅能与一价金配位，提高电镀液的稳定性，而且可以吸附于阴极表面，阻化一价金的电还原过程，从而提高一价金阴极还原过电势，细化镀层晶粒并改善镀层质量。若电镀液中没有润湿剂存在，镀层会出现大量针孔，加入润湿剂后，镀层平整无针孔。添加剂不仅能够解决镀层发雾情况，而且可吸附于阴极表面，作为电子桥，与一价金配位，进而诱导一价金还原沉积。此外，添加剂也能够使镀层光亮，更加致密。

（2）本品适合薄金电镀，厚度为 $0.1\sim0.8\mu m$。

（3）亚硫酸盐和生物碱与一价金离子复合配位，结合特定组成和含量的 pH 缓冲剂兼导电盐、润湿剂和添加剂，保证了电镀液环保、稳定。

（4）使用较低含量的亚硫酸盐，避免了镀层夹杂硫、应力、发脆等问题。

（5）电流密度范围宽，在该电流密度范围内，所获镀层与基底结合强度良好，外观呈金黄色。

## 配方5　基于杂环类生物碱配位的三价金无氰镀金电镀液

原料配比

| 原料 | | 配比/g | | |
|---|---|---|---|---|
| | | 1# | 2# | 3# |
| 氯金酸 | | 1 | 5 | 7 |
| 配位剂 | 茶碱 | 1.4 | — | — |
| | 黄嘌呤 | 0.7 | — | — |
| | 可可碱 | — | 22 | — |
| | 8-氮鸟嘌呤 | — | 6.3 | — |
| | 氨茶碱 | — | — | 35 |
| | 硫鸟嘌呤 | — | — | 10 |
| pH 缓冲剂 | 碳酸钾 | 5 | 18 | 25 |
| | 磷酸氢二钾 | 16 | 72 | 80 |
| 防霉剂 | 苯甲酸钠 | 1.8 | — | — |
| | 四硼酸钠 | — | 36 | 52 |
| 添加剂 | 3-巯基丙酸 | 0.02 | — | 0.36 |
| | 吡啶-3-磺酸 | — | 0.18 | — |
| | 蛋氨酸 | 0.01 | 0.08 | — |
| | 噻吩羧酸 | — | — | 0.13 |
| 20%氢氧化钾水溶剂 | | 适量 | 适量 | 适量 |
| 20%盐酸 | | 适量 | 适量 | 适量 |
| 去离子水 | | 加至 1000mL | 加至 1000mL | 加至 1000mL |

### 制备方法

（1）准确称量杂环类生物碱配位剂，加入 20%的氢氧化钾水溶液，搅拌，溶解；

（2）向（1）所得的溶液中加入氯金酸，搅拌溶解，并补充去离子水至 500mL；

（3）准确称量 pH 缓冲剂，加入（2）所得溶液中；

（4）向（3）所得溶液中加入防霉剂，搅拌均匀；

（5）向（4）所得溶液中加入添加剂，搅拌均匀；

（6）加入适量去离子水在 1000mL，用体积浓度为 20%的盐酸或质量浓度为 20%的氢氧化钾水溶液调节溶液 pH 值在 8.4～12.1 范围内。

**原料介绍**

所述三价金盐为含有三价金的氯金酸。

所述配位剂为杂环类生物碱配位剂，包括第一配位剂和第二配位剂，所述第一配位剂和第二配位剂以质量比（2~4）:1混合；所述第一配位剂包括可可碱、氨茶碱、茶碱及其碱金属盐、铵盐中的至少一种，所述第二配位剂包括咖啡因、8-氮鸟嘌呤、黄嘌呤、2,6二氨基嘌呤、硫鸟嘌呤、6-苄氨基嘌呤及其碱金属盐、铵盐中的至少一种。

所述 pH 缓冲剂为碳酸钾和磷酸氢二钾的混合物，碳酸钾和磷酸氢二钾以1:（3~6）（质量比）的比例混合。

所述防霉剂包括四硼酸钠、苯甲酸钠、甲醛中的一种。

所述添加剂包括第一添加剂和第二添加剂，所述第一添加剂包括吡啶-3-磺酸、3-巯基丙酸中的一种，所述第二添加剂包括蛋氨酸、噻吩羧酸、巯基丁二酸、牛磺酸中的至少一种，所述第一添加剂和第二添加剂的质量比为（1~3）:1。

电镀液中还包括用于调节电镀液 pH 值的盐酸、氢氧化钾，所述电镀液 pH 值为 8.4~12.1。

**产品应用** 电镀工艺参数：电流密度为 $0.1~1.2A/dm^2$，镀液 pH 值为 8.4~12.1，镀液温度为 30~70℃，镀层厚度为 $0.1~0.6\mu m$，阳极为镀铂钛网，电镀时搅拌镀液或循环过滤。用 20%盐酸或 20%氢氧化钾水溶液调节电镀液的 pH 值。

以铜片作为基底材料，工艺流程为：超声波除油（50~70℃，时间 3~5min）→水洗→酸洗（质量浓度 5%的稀硫酸，20~40s）→水洗→去离子水洗→电镀镍→水洗→去离子水洗→电镀金。

**产品特性**

（1）本品的金盐来源方便、综合性能突出；镀液有较好的均镀能力；抗置换能力强，新鲜镀镍片置于镀液中 3min 也不会出现置换金层现象；在 $0.1~1.2A/dm^2$ 电流密度下，所获金镀层与镍、铜基底结合强度良好，光亮度高且呈均匀的金黄色；镀液制备简单，镀金工艺方便可控。

（2）选择三价金的优点在于：电镀液在长时间的使用过程中，不会变质，三价金离子能够稳定存在。通过密度泛函理论计算可知，在水溶液中，三价金与配体结合所生成的配合物的总能量远低于一价金与配体结合而成的配合物的总能量，能量越低越稳定。目前，市场上一价金无氰电镀液的主盐来源于自制的亚硫酸金钠溶液。在储存过程中，亚硫酸盐难免与空气接触发生氧化或分解，导致溶液变质。此外，配制亚硫酸金钠过程异常烦琐，易造成金盐损失。而氯金酸性质稳定、可直接采购。杂环类生物碱配位剂具有杂环芳香结构，其中的 N 原子电负性大，且有孤对电子，不仅能与三价金配位，而且可吸附于阴极表面，阻化三价金的电还原，提高三价金阴极还原过电势，从而细化镀层晶粒并改善镀层质量。碳酸钾和磷酸氢二钾混合物的加入，能够使得 pH 值在电镀金过程中稳定在 8.4~12.1。杂环类生物碱为有机物，电镀液长时间静置易发霉，加入防霉剂可明显改善，且不会影响镀层质量。四硼酸钠不仅具有防霉作用，而且具有 pH 缓冲作用。添加剂会吸附于阴极表面，作为电子桥，与三价金配位，进而诱导三价金还原沉积。此外，添加剂也能够使镀层光亮，晶粒更加致密。

（3）本品适合薄金电镀，厚度为 $0.1\sim0.6\mu m$。

（4）杂环类生物碱与三价金离子配位，结合特定组成和含量的 pH 缓冲剂、防霉剂和添加剂，保证了电镀液绿色环保、稳定。

## 配方6　碱性氰化金的电镀液

**原料配比**

| 原料 | | 配比/g | | |
| --- | --- | --- | --- | --- |
| | | 1# | 2# | 3# |
| 氰化亚金钾 | | 4 | 10 | 7 |
| 配位剂 | 氰化钠 | 7 | — | — |
| | 氰化钾 | — | 14 | 10 |
| 缓冲剂 | 碳酸氢钾 | 17 | — | — |
| | 碳酸氢钠 | — | 22 | — |
| | 磷酸氢二钾 | — | — | 20 |
| 柠檬酸钾 | | 20 | 25 | 22 |
| 表氯醇 | | 0.1 | — | — |
| 表溴醇 | | — | 0.2 | 0.14 |
| 导电盐 | 氯化钠 | 15 | — | — |
| | 硝酸钾 | — | 20 | 17 |
| 光亮剂 | 丁炔二醇 | 0.07 | — | — |
| | 苄亚基丙酮 | — | — | 0.11 |
| 整平剂 | 亚乙基硫脲 | — | 0.12 | — |
| | 四氢噻唑硫酮 | — | — | 0.1 |
| 去离子水 | | 加至1000mL | 加至1000mL | 加至1000mL |

**制备方法**　将各组分原料混合均匀即可。

**原料介绍**　所述配位剂为氰化钠和/或氰化钾。

所述缓冲剂为碳酸氢钾、碳酸氢钠和磷酸氢二钾。

所述导电盐为钠盐和/或钾盐。

所述光亮剂为丁炔二醇、苄亚基丙酮和糖精中的一种或几种，其中电镀液中光亮剂的浓度为 $0.7\times10^{-4}\sim0.12\times10^{-3}g/mL$。

所述整平剂为四氢噻唑硫酮、亚乙基硫脲和噻二唑鎓盐结构单元的聚合物中的一种或几种，其中电镀液中整平剂的浓度为 $0.7\times10^{-4}\sim0.12\times10^{-3}g/mL$。

**产品应用**　本品是一种金的电镀液。

电镀温度为 $60\sim65℃$，pH 为 $9\sim11$，阴极电流密度为 $0.05\sim0.09A/dm^2$。

**产品特性**

（1）电镀可以获得均一性较高的金属层；表氯醇和/或表溴醇使电镀液的稳定性得到了提高，使金沉积的选择性提高，可以限制到需要金的区域。

（2）本品配方简单，电镀的金薄膜层效果好、均一性高。

（3）工艺条件温和，易于实现。

（4）降低了电镀成本。

## 配方 7　玫瑰金电镀液

**原料配比**

| 原料 | 配比（质量份） | | | |
|---|---|---|---|---|
| | 1# | 2# | 3# | 4# |
| 硫酸铜 | 0.5 | 1 | 2 | 1 |
| 亚硫酸铵 | 100 | 100 | 110 | 120 |
| 乙二胺四乙酸二钠 | 25 | 40 | 55 | 40 |
| 柠檬酸钾 | 85 | 100 | 115 | 100 |
| 二氯二氨钯 | 4 | 5 | 6 | 6 |
| 亚硫酸金钠 | 5 | 10 | 10 | 10 |
| 去离子水 | 加至 1000mL | 加至 1000mL | 加至 1000mL | 加至 1000mL |

**制备方法**

（1）将硫酸铜、亚硫酸铵、乙二胺四乙酸二钠和柠檬酸钾加入烧杯中。

（2）加入 600mL 去离子水稀释、溶解，将溶液放入集热式恒温磁力搅拌器中，搅拌温度为 40～50℃，搅拌至溶解充分。

（3）加入二氯二氨钯和亚硫酸金钠。

（4）加去离子水至 950mL，搅拌后过滤，将滤液放入集热式恒温磁力搅拌器中，加热搅拌 15min。

（5）用 pH 为 6～9 的试纸测试酸碱度，若 pH 值为 8，则为标准电镀液；若 pH 值小于 8，加入氨水调节 pH 值为 8。

（6）加去离子水定容即形成电镀液。

**产品应用**　本品是一种电镀液。

电镀方法包括如下步骤：

（1）在电镀前打开脉冲电源热机 30min，打开集热式恒温磁力搅拌器设置温度为 50℃。

（2）将配制好的电镀液放入集热式恒温磁力搅拌器中加热搅拌。

（3）对预镀件进行第一次清洁处理，步骤如下：

① 将预镀件通过冷水去除表面易清洗的污物；

② 通过电解除油除去预镀件表面的油污；

③ 再一次通过冷水深度清除预镀件表面油污。

（4）对预镀件进行第二次清洁处理：用超声波清洗机彻底清洗预镀件表面。

（5）将预镀件放在阴极上进行活化，再用水洗去阴极表面残留的溶液。

（6）将镀 Pt 钛网放入电镀液中接恒流电源的阳极，设置好恒流电源的参数。

（7）将待电镀件接阴极并放入电镀液中，进行电镀。

（8）冲洗电镀出来的产品表面。

（9）检测电镀层是否合格，合格后入库。检测方法：检测镀层表面的光亮程度、色泽、光滑度以及与预镀件的结合率。

**产品特性**

（1）这种电镀液能够在首饰表面上电镀上玫瑰金色，镀层亮度高，腐蚀性能良好，长时间使用不会褪色。

（2）镀液阴极电流效率达到 99%，均镀能力良好，镀层光亮、硬度高、与基体的结合强度良好。

### 配方 8　耐磨镀金膜的电镀液

**原料配比**

| 原料 | 配比/g | | |
| --- | --- | --- | --- |
| | 1# | 2# | 3# |
| 亚硫酸金 | 5 | 50 | 70 |
| 2-硫代-5,5-二甲基乙内酰脲 | 10 | 60 | 96 |
| 丁二酰亚胺 | 10 | 30 | 37 |
| 乙二胺四亚甲基膦酸钠 | 40 | 70 | 69 |
| 乙二胺四亚甲基膦酸 | 10 | 25 | 25 |
| 硝酸铊 | 0.5 | 1 | 2 |
| SiC 纳米颗粒 | 0.5 | 2 | 2 |
| 聚乙二醇 | 0.5 | 1 | 2 |
| 亚硫酸钠 | 20 | 80 | 73 |
| 1-(3-磺丙基)-异喹啉甜菜碱 | 2 | 6 | 9 |
| 去离子水 | 加至 1000mL | 加至 1000mL | 加至 1000mL |

**制备方法**　将各组分原料混合均匀即可。

**原料介绍**

所述 SiC 纳米颗粒的粒径为 2～10nm。

所述 SiC 纳米颗粒经聚乙烯亚胺改性处理后流动性和分散性良好。

**产品应用**　电镀方法包括以下步骤：

（1）前处理：将金属基材放入温度为 45～55℃的丙酮溶液中超声清洗 2min，室温下用无水乙醇超声 1min，放入 1mol/L 的盐酸中清洗 30s，最后采用去离子水冲洗 2 次，超去离子水清洗 1 次。

（2）预镀：将步骤（1）处理好的金属基材放入预镀液中，在 2A/dm² 的电流密度下快速电镀一层铜层，取出后先用去离子水清洗，再用超去离子水清洗；预镀液组分有焦磷酸铜（1～5g/L）、甲基磺酸（5～50g/L）、焦磷酸钾（5～20g/L）、三乙醇胺（10～20g/L）、碳酸钾（10～50g/L）、烟酸（0～50g/L），该预镀液的 pH=6～7。

（3）电镀金：将步骤（2）预镀后的金属基材放入电镀液中，以铂片为阳极、预镀后的金属基材为工作电极，采用方波脉冲电流法电镀金，工作电极不断摆动进行搅拌。该电镀液采用乙二胺四亚甲基膦酸调节 pH 为 6.5～8，并保持电镀液温度在 20～40℃。方波脉冲电流法：先在工作电极上施加一个阴极电流 -0.1～-0.4A/dm²，脉冲时间为 1000～1500ms，然后在该工作电极上施加一个阳极电流 0.4～1.2A/dm²，脉冲时间为 1000～1500ms，在 20～35℃下进行电镀。方波脉冲电流法的循环次数为 3～15 次，金镀层的厚度随循环次数的增加逐渐增加。

**产品特性**　该耐磨镀金膜的电镀液环保稳定，其中含有的 SiC 纳米颗粒使得该电镀液电镀得到的镀金膜耐磨性极大提高，该电镀液的电镀方法快速稳定，重复性好。

## 配方9 无氰无磷无氨仿金电镀液

**原料配比**

| 原料 | | 配比（质量份） | | |
|---|---|---|---|---|
| | | 1# | 2# | 3# |
| 硫酸铜 | | 20 | 22.5 | 25 |
| 硫酸锌 | | 30 | 35 | 40 |
| 锡酸钠 | | — | 6 | 8 |
| 硼酸 | | 20 | 25 | 30 |
| 主配位剂 | 柠檬酸 | 80 | 90 | 100 |
| 辅助配位剂 | 丁二酰亚胺 | 8 | 9 | 10 |
| 氢氧化钾 | | 80 | 110 | 110 |
| 光亮性分散剂 | | 16 | 18 | 20 |
| 去离子水 | | 加至1000mL | 加至1000mL | 加至1000mL |
| 光亮性分散剂 | 乙氧基丁炔二醇 | 160 | 165 | 170 |
| | 烟酸 | 60 | 65 | 70 |
| | 氢氧化钾 | 30 | 40 | 50 |
| | 糖精 | 40 | 50 | 60 |
| | 烯丙基磺酸钠 | 40 | 45 | 50 |
| | 去离子水 | 加至1000mL | 加至1000mL | 加至1000mL |

**制备方法**

（1）取一个1000mL的容器，将硼酸溶解于温度为50～60℃的500mL去离子水中，然后加入柠檬酸，搅拌至完全溶解；

（2）向步骤（1）制得的溶液中加入丁二酰亚胺，搅拌至完全溶解；

（3）向步骤（2）制得的溶液中加入硫酸铜，搅拌至完全溶解；

（4）向步骤（3）制得的溶液中加入硫酸锌，搅拌至完全溶解；

（5）另取一个容器，将氢氧化钾溶解于300mL常温去离子水中，搅拌至完全溶解，冷却后，在搅拌下将所制氢氧化钾溶液加入步骤（4）所制的溶液中，即可得二元Cn-Zn初始无氰、无磷、无氨仿金电镀液；

（6）向步骤（5）所制的二元Cn-Zn初始无氰、无磷、无氨仿金电镀液中加入16mL光亮性分散剂，并补充常温去离子水至1000mL，搅拌均匀，静置12～24h，即可得二元Cn-Zn无氰、无磷、无氨仿金电镀液。

**原料介绍** 所述的光亮性分散剂采用以下步骤进行制备：

（1）量取0.75L去离子水于1L容器中，加热至50℃；

（2）将糖精、烯丙基磺酸钠加入步骤（1）的去离子水中，搅拌至完全溶解；

（3）将乙氧基丁炔二醇加入步骤（2）所制的溶液中，搅拌至完全溶解；

（4）量取0.2L去离子水于另一容器中，加入氢氧化钾，待氢氧化钾溶解完全后，加入烟酸，搅拌至完全溶解，加入步骤（3）所制的溶液中，并补充常温去离子水至1L，搅拌均匀，即得光亮性分散剂。

**产品应用** 采用上述电镀液进行仿金电镀的条件：电镀液pH值为8.5～10.0，

阴极电流密度为 0.25～1.0A/dm², 镀液温度为 50～58℃, 电镀时间为 30～180s, 阳极为 Cu-Zn 板。

**产品特性**

（1）本品采用了主配位剂柠檬酸和辅助配位剂丁二酰亚胺, 具有较高的配合能力, 可对电镀液中的金属离子进行良好的配合。

（2）本品无氰、无磷、无氨, 长期稳定透明, 无浑浊、沉淀出现。本品配位剂阴极电流效率比其他无氰配位剂体系的镀液高 10%～20%, 沉积速率快, 深镀能力及分散性好, 适合于小型的、形状复杂的、孔径深度比小的工件的长时间电镀, 可用于手工或自动化的连续电镀, 适用于挂镀、滚镀产品。

（3）采用本品进行仿金电镀, 所得的仿金层可随操作条件的改变实现由玫瑰金 16K、18K 到 24K 的变化, 且每种镀层色泽均很稳定。

（4）本品所制得的镀层外观光亮平整、色调均匀。

# 配方 10　无氰镀金电镀液

**原料配比**

| 原料 | | 配比/g | | | | | | | |
|---|---|---|---|---|---|---|---|---|---|
| | | 1# | 2# | 3# | 4# | 5# | 6# | 7# | 8# |
| 金盐 | 亚硫酸金钠 | — | 4 | — | 3 | 3 | 3 | — | 3 |
| | 亚硫酸金钾 | 3 | — | 4 | — | — | — | 3 | — |
| 非氰配位剂 | 亚乙基二苯甲酰硫脲 | 80 | 60 | 100 | — | — | — | 20 | 150 |
| | 乙酰硫脲 | — | — | — | 60 | — | — | — | — |
| | 二硫代缩二脲 | — | — | — | — | 68 | — | — | — |
| | 1-苯甲酰-2-硫脲 | — | — | — | — | — | 75 | — | — |
| 导电盐 | 碳酸钾 | 20 | 20 | 20 | 20 | — | 22 | 20 | 20 |
| | 碳酸钠 | — | — | — | — | 18 | — | — | — |
| 光亮剂 | 2-甲硫基苯并咪唑 | 1.0 | — | — | — | — | 1 | 1 | 2 |
| | 1-氨基环丙烷羧酸 | — | 0.9 | — | 0.8 | — | — | — | — |
| | 2,5-噻吩二羧酸 | — | — | 1.2 | — | 1.2 | — | — | — |
| 去离子水 | | 加至 1000mL | 加至 1000mL | 加至 1000mL | 加至 1000mL | 加至 1000mL | 加至 1000mL | 加至 1000mL | 加至 1000mL |

**制备方法**　向容器中加入金盐、导电盐、光亮剂和非氰配位剂, 再加入去离子水混合均匀后定容至 1L, 得到所述无氰镀金电镀液。

**产品应用**　无氰镀金电镀液的电镀条件: pH 8.5～13.5; 温度 30～80℃; 阴极电流密度 0.1～2A/dm²。阳极为 316 不锈钢阳极/铂-钛阳极。

**产品特性**

（1）本品具有较好的稳定性和电镀效果, 能替代现有的氰化物镀金。镀出的金层光亮、平整性更好、分散性更佳、与基体的结合强度更好。络合剂分子中均有两个双键上的原子能与同一个金离子配合, 其与金离子形成配合物时, 通过 d-π* 形成两个反馈π键, 最大程度地降低金属离子的电子云密度, 提高配位键能, 增大配合物的稳定性及稳定常数, 使电镀过程中电极电位负移更多, 增大电镀过程中阴极上的过电位，加快晶核产生速度，增加晶核量，减小品粒体积，使产生的晶粒更细小，得到光亮、平整性更好、分散性能更佳的镀层。

（2）本品稳定性高，易于维护与管理，不含氰化物，符合环保要求，适用于滚镀及挂镀工艺。

## 配方 11　无氰镀软金的电镀液

原料配比

| 原料 | | 配比/g | | | | | | | |
|---|---|---|---|---|---|---|---|---|---|
| | | 1# | 2# | 3# | 4# | 5# | 6# | 7# | 8# |
| 有机添加剂/(mg/L) | 二联吡啶 | 200 | 250 | — | — | — | — | 220 | 220 |
| | 质量比为1:1的聚乙烯亚胺、二联吡啶的混合物 | — | — | 220 | — | — | — | — | — |
| | 聚乙烯亚胺 | — | — | — | 220 | — | 220 | — | — |
| | 质量比为1:2的聚乙烯亚胺、二联吡啶的混合物 | — | — | — | — | 240 | — | — | — |
| 磺酸卡宾金 | | 15 | 22 | 18 | 18 | 20 | 18 | 18 | 18 |
| 柠檬酸铵 | | 130 | 110 | 120 | 120 | 125 | 120 | 120 | 120 |
| 磷酸氢二钾 | | 18 | 125 | 22 | 22 | 22 | 22 | 22 | 22 |
| 羟基亚乙基二膦酸 | | 35 | 35 | 30 | 30 | 38 | 30 | 30 | 30 |
| 促进剂 | | | | | | | 4.8 | 3.4 | 3.4 |
| 去离子水 | | 加至1000mL | 加至1000mL | 加至1000mL | 加至1000mL | 加至1000mL | 加至1000mL | 加至1000mL | 加至1000mL |
| 促进剂 | 脂肪胺聚氧乙烯醚 | — | — | — | — | — | 1 | — | — |
| | 椰子油脂肪酸二乙醇酰胺 | — | — | — | — | — | 1 | — | — |
| | 2-乙基己基硫酸钠 | — | — | — | — | — | 1 | — | — |
| | 聚乙烯醇 | — | — | — | — | — | — | 1 | — |
| | 脂肪酸乙酯磺酸盐 | — | — | — | — | — | — | 1 | — |
| | 十二烷基磺酸钠 | — | — | — | — | — | — | 2 | — |
| | 十二烷基葡糖苷 | — | — | — | — | — | — | — | 1 |

**制备方法**　将各组分原料混合均匀即可。所述电镀液的 pH 值控制在 6～8 之间。

**产品应用**　本品主要用于金丝与金层的超声波绑定焊接。用于微电子封装金丝绑定的金层镀层的制备，可以提高微电子封装的导电率和可靠性，亦可以用于微电子半导体表面的金镀层加工。电镀方法包括以下步骤：

（1）配制上述电镀液，控制电镀液的温度为 45～65℃。

（2）以金板作为阳极，以待镀工件作为阴极，在阳极、阴极之间施加单脉冲电源，脉宽为 110～130ms，控制阴极的平均脉冲电流密度为 2～5A/dm²，采用阴极移动搅拌方法，待镀层厚度达到要求时，完成电镀。

**产品特性**　本品中不含氰化物，对环境和人体无毒害作用；配方合理，溶液稳定性好；加入有机添加剂，获得了与基体结合性好、应力小、致密性和光亮性好的镀层，利于金丝与金层进行超声波绑定焊接。

## 配方 12　无氰仿金电镀液

原料配比

| 原料 | 配比/g | |
|---|---|---|
| | 1# | 2# |
| 焦磷酸钾 | 240 | 300 |
| 焦磷酸铜 | 20 | 24 |
| 焦磷酸亚锡 | 2.0 | 1.5 |
| 硫酸锌 | 40 | 50 |
| 羟基亚乙基二膦酸（HEDP） | 20 | 15 |
| AESS（脂肪醇聚氧乙烯醚磺基琥珀酸单酯二钠盐） | 2（体积） | 3（体积） |
| 咪唑类离子液体{[OMIM] HSO$_4$}/(mol/L) | 3 | 2 |
| 水 | 加至 1000mL | 加至 1000mL |

**制备方法**　将各组分原料混合均匀即可。

**原料介绍**　所述咪唑类离子液体为 1-己基-3-甲基咪唑硫酸氢盐 {[OMIM] HSO$_4$} 离子液体。

**产品应用**　本品是一种无氰仿金电镀液。无氰仿金电镀液的镁合金电镀工艺包括以下步骤：

(1) 预处理：对镁合金试样依次进行除油、酸洗和活化处理。

① 采用超声波除油，除油剂组分有氢氧化钠（15～25g/L）、磷酸钠（10～20g/L）、碳酸钠（20～40g/L）和硅酸钠（1～2g/L），除油温度为 60～80℃，除油时间为 5～10min。

② 酸洗采用浓度为 200～250g/L 的铬酸溶液，酸洗温度为 15～35℃，酸洗时间为 2～3min。

③ 活化采用如下配方的活化液进行，活化液组分有：磷酸（150～200mL/L）、氟化钠（80～100g/L）、丁基萘磺酸钠（1.0g/L），活化温度为 15～35℃，活化时间为 5～10s。

(2) 浸锌处理：将预处理后的镁合金试样依次进行一次浸锌处理（30～60s）、退锌处理（2～3min）、二次浸锌处理（1.5～2.5min），得到光亮的镁合金试样；所述一次浸锌和二次浸锌均在浸锌溶液中进行，所述浸锌溶液组分有氢氧化钠（80～120g/L）、氧化锌（8～15g/L）、酒石酸钾钠（15～25g/L）、氯化镍（10～15g/L）、氯化铁（1～3g/L）、硝酸钠（1～3g/L）和植酸（1～3g/L）；所述退锌处理在浓度为 150～200g/L 的氢氧化钠溶液中进行，在 50～70℃下退锌处理 2～3min。

(3) 光亮镀铜：将步骤 (2) 得到的镁合金试样作为阴极，磷铜作为阳极，放入焦铜镀液中，在搅拌、室温、电流密度 0.8～1A/dm$^2$ 条件下处理 6～10min。所述焦铜镀液包括组分：焦磷酸钾（180～260g/L）、焦磷酸铜（50～80g/L）、氨水（3mg/L）和聚乙二醇（10000，1～2g/L），pH 为 8～9。

(4) 将步骤 (2) 得到的光亮的镁合金试样浸入盛有无氰仿金电镀液的电镀槽内，在室温和电流密度 0.1～2A/dm$^2$ 的条件下，电镀 10～180s，然后去离子水清洗、吹干，得到表面具有铜、锌、锡三种元素的仿金镀层镁合金。

**产品特性**

(1) 本品以焦磷酸钾为主要配合剂，HEDP 为辅助配合剂，使得电镀液中的金属离子更易形成稳定的配合物，使得电镀液稳定性更好、分散性更好、在各个结晶点放电更均匀，从而形成表面更均匀的仿金镀层；双配合剂的协同使用，有助于调控三种金属在溶液中形成稳定配合物的比例，进而调节仿金镀层中金属含量的比例。

(2) 本品采用了咪唑类离子液体，离子液体完全由离子组成，不会发生析氢现象，且有较宽的电化学窗口，可以提高镁合金基体上电镀仿金镀层的质量；咪唑类离子液体还具有光亮剂和配合剂的作用，能够提高镀层的光亮度和色泽度。

(3) 采用该无氰仿金电镀液对镁合金进行电镀，电镀时间短，电流密度小，节约了生产成本；电镀液不含有毒有害物质，对环境友好，稳定性好，便于维护，节约了维护成本。

## 配方 13　用于得到镀层为白金的电镀液

**原料配比**

| 原料 | | 配比（质量份） | | |
|---|---|---|---|---|
| | | 1# | 2# | 3# |
| 硫脲 | | 12 | 10 | 14 |
| 次亚磷酸钠 | | 0.6 | 0.7 | 0.4 |
| 氯化亚锡 | | 8 | 7 | 9 |
| 乳化剂 | 苄基酚聚氧乙烯醚 | 17 | — | — |
| | 苯乙基酚聚氧乙烯醚 | — | 20 | — |
| | 双苯乙基酚聚氧乙烯醚 | — | — | 15 |
| 硫酸 | | 38 | 30 | 45 |
| 水 | | 130 | 150 | 100 |

**制备方法**　将硫脲、次亚磷酸钠、氯化亚锡、乳化剂和硫酸依次加入水中，搅拌均匀得到电镀液。所述电镀液的 pH 值为 3～5。

**产品特性**　采用此电镀液进行电镀能降低镀件表面的接触电阻，提高表面的导电性能，镀件表面的致密性好，白金镀层使用时间长，不容易脱落、变色。

## 配方 14　用于镀金的无氰型镀金电镀液

**原料配比**

| 原料 | 配比（质量份） | 原料 | 配比（质量份） |
|---|---|---|---|
| 焦磷酸钾 | 130 | 磷酸氢二钠 | 10 |
| 硫酸铜 | 36.2 | 氢氧化钾 | 适量 |
| 硫酸锌 | 13 | 浓盐酸 | 适量 |
| 氯化亚锡 | 2 | 去离子水 | 适量 |
| 柠檬酸钾 | 5 | | |

**制备方法**　将焦磷酸钾加入镀槽，加等量的去离子水溶解，在搅拌下缓慢加入氢氧化钾溶液，调节 pH 值为 6～7（防止焦磷酸钾水解）；用一定量的热去离子水溶解硫酸铜与硫酸锌，用浓盐酸溶解氯化亚锡，在不断搅拌下将上述两种溶液依次缓慢加入镀槽中，加完后继续搅拌使生成的絮状沉淀物完全溶解，再加入溶解好的柠檬酸钾及磷酸氢二钠溶液，搅拌均匀后加水 500mL，控制混合液温度在 35℃左

右，加入氢氧化钾溶液调节 pH 值为 8.5～8.8 即制得无氰电镀液。

**产品应用**　使用方法：控制电镀液温度为 35℃，电流密度为 2.0A/dm²，用黄铜板作阳极材料，待镀工件为阴极，电镀 5～8min 即可。

**产品特性**　本品具有制备工艺简单、生产成本低、自身成分中不含氰、对人体的危害小、环境友好、电镀过程中稳定性能高等优点。

## 配方 15　用于银基金属细丝镀金的无氰电镀液

**原料配比**

| 原料 | | 配比/g | | |
|---|---|---|---|---|
| | | 1# | 2# | 3# |
| 三氯化金 | | 25 | 28 | 30 |
| 复合配位剂 | 无水亚硫酸钠 | 100 | 110 | 120 |
| | 柠檬酸钾 | 80 | 90 | 100 |
| | 乙二胺四乙酸二钠 | 40 | 45 | 50 |
| 无机氯化盐 | 氯化钾 | 60 | 70 | 80 |
| 缓冲剂(导电盐) | 磷酸氢二钾 | 40 | 50 | 60 |
| 稳定剂 | 2-巯基苯并噻唑 | 2 | 2.5 | 3 |
| 吸附剂 | 糖精钠 | 1 | 1.5 | 2 |
| 加速剂 | 乙二胺 | 2 | 2.5 | 3 |
| 去离子水 | | 加至 1000mL | 加至 1000mL | 加至 1000mL |

**制备方法**

(1) 将三氯化金用镀液总体积 1/5 的去离子水溶解，得 A 液。

(2) 无水亚硫酸钠用镀液总体积 1/3 的去离子水加热溶解，用 30% 的氢氧化钾溶液调 pH 值至 7，得 B 液。

(3) 将柠檬酸钾、乙二胺四乙酸二钠、氯化钾、磷酸氢二钾、2-巯基苯并噻唑、糖精钠、乙二胺用镀液总体积 1/3 的去离子水溶解，用 30% 的氢氧化钾溶液调 pH 值至 7，得 C 液。

(4) 不断搅拌下，将 A 液加入 B 液中，控制温度在 45～50℃ 左右，保温 20～22min，搅拌，得无色透明的混合溶液 D。

(5) 不断搅拌下，将 C 液加入 D 液中，控制温度在 45～50℃ 左右，保温 20～22min，加去离子水定容。室温下，用 30% 的氢氧化钾溶液调 pH 值至 8～9，得到所述电镀液。

**产品应用**　电镀液的工作条件：金板作阳极，银基金属细丝作阴极，室温下（16～28℃），pH 8～9，电流密度 0.4～0.6A/dm²，电镀时间 60s。

**产品特性**

(1) 本品采用复合配合剂，无水亚硫酸钠、柠檬酸钾和乙二胺四乙酸二钠协同作用，使金离子处于稳定的配合态，加大阴极极化作用，保证金镀层晶粒细小、致密。

(2) 采用本品在银基金属细丝表面镀金，可以起到防氧化、耐腐蚀的作用，应用范围广泛。

(3) 本品制备方法简单，镀液长期稳定，获得的金镀层薄而均匀致密。

# 5

# 镀银液

## 配方1 不锈钢镀银用电镀液

**原料配比**

| 原料 | 配比/g | | |
| --- | --- | --- | --- |
| | 1# | 2# | 3# |
| 磺基水杨酸 | 100~150 | 110~140 | 130 |
| 硝酸银 | 15~25 | 18~23 | 20 |
| 氯化铵 | 80~120 | 85~l110 | 100 |
| 乙二胺 | 8~15 | 9~13 | 12 |
| 氨水 | 20~30mL | 22~28mL | 25mL |
| 二氧化硒 | 1~5 | 2~4 | 3 |
| 去离子水 | 加至1000mL | 加至1000mL | 加至1000mL |

**制备方法**

(1) 将磺基水杨酸与硝酸银溶液混匀,得A品;

(2) 将乙二胺和氯化铵溶液混匀,得B品;

(3) 将A品与B品混合,得C品;

(4) 向C品中加入氨水,直至C品中氨过饱和,得D品;

(5) 向D品中加入二氧化硒,得E品;

(6) 将E品pH值调节为7.5~8,即得该电镀液。

**产品应用** 使用方法:将零件表面清洗干净,浸入所述电镀液中进行镀银;镀银温度为20~30℃,电流密度为0.4~0.45A/dm²;当镀银面积×电镀电流×电镀时间=1000~1150dm²·A·h时,向电镀液中添加25~30mL/L氨水。

**产品特性** 本电镀液通过加入乙二胺阻止氨的逃逸,提高了镀液的稳定性,且在电镀过程中,添加25~30mL/L氨水,不仅提高了电镀液的稳定性,而且延长了电镀液的使用寿命,降低了电镀成本;本品的镀层附着力强,有效提高了电镀质量,且电镀液中不含氰化物,更加环保。

## 配方2 镀银电镀液

原料配比

| 原料 | | 配比（质量份） | | |
|---|---|---|---|---|
| | | 1# | 2# | 3# |
| 混合物M2 | | 1000 | 1000 | 1000 |
| 辅助配位剂 | 柠檬酸 | 200 | — | — |
| | 二甲基硫脲 | — | 150 | — |
| | 二硫代乙二醇 | — | — | 250 |
| 丙氨酸 | | 150 | 100 | 160 |
| 甘油 | | 40 | 20 | 60 |
| 混合物M2 | 可溶性银盐 甲烷磺酸银 | 1000 | — | — |
| | 可溶性银盐 苯酚-3-磺酸银 | — | 1000 | — |
| | 可溶性银盐 酒石酸银 | — | — | 1000 |
| | 硼氢化钾 | 80 | 50 | 120 |
| | 3-硝基邻苯二甲酸 | 150 | 120 | 180 |
| | 丁二酰亚胺 | 220 | 200 | 250 |
| | 甲基磺酸 | 100 | 80 | 120 |
| | 水 | 2800 | 2500 | 3500 |
| | 碱 | 11 | 10 | 12 |

**制备方法**

（1）将可溶性银盐、硼氢化钾、3-硝基邻苯二甲酸、丁二酰亚胺、甲基磺酸和水混合得到混合物M1。

（2）向所述混合物M1中加入碱调节pH至10～12，得到混合物M2。

（3）将所述混合物M2、辅助配位剂、丙氨酸和甘油热处理制得混合物M3；热处理温度为50～80℃，热处理时间为20～30min。

（4）对所述混合物M3进行后处理制得镀银电镀液。

（5）对所述混合物M3进行浓缩处理。浓缩的压力为0.5～2Pa，浓缩至所述混合物M3的含水量低于30%。

**原料介绍** 所述碱选自氢氧化钠、氢氧化钾和氢氧化锂中的一种或多种。

**产品特性** 本品中硼氢化钾、3-硝基邻苯二甲酸、丁二酰亚胺、甲基磺酸、丙氨酸和甘油的协同作用使电镀液化学性质稳定，用这种镀银电镀液电镀而得的银镀层致密、均匀、附着力强、硬度大，不会出现变暗发褐的现象。

## 配方3 镀银用电镀液

原料配比

| 原料 | 配比/g | | |
|---|---|---|---|
| | 1# | 2# | 3# |
| 硝酸银 | 30 | 30 | 45 |
| 硫酸钠 | 5 | 8 | 8 |
| 烟酸 | 50 | 55 | 60 |
| 焦亚硫酸钠 | 20 | 20 | 20 |
| 氢氧化钠 | 50 | 50 | 55 |
| 去离子水 | 加至1000mL | 加至1000mL | 加至1000mL |

**制备方法**

(1) 将氢氧化钠和硫酸钠溶解于去离子水中，加入烟酸和焦亚硫酸钠搅拌至溶解，制成混合液；

(2) 将硝酸银溶解于去离子水中后逐滴滴入所述混合液中，制得镀银电镀液。

**产品应用** 使用方法：

(1) 制备镀银电镀液；

(2) 用银板作阳极，工件作阴极，施加单脉冲电源进行电镀，电镀液温度为 $50\sim60℃$，电流密度为 $6\sim8A/dm^2$，脉宽为 $5\sim50ms$，阴极与阳极的距离为 $6\sim12cm$。

**产品特性** 本品不含氰离子，安全环保；电镀得到与基体结合强度好、应力小和致密性好的镀层，提高了镀层的抗腐蚀性能和抗变色性能。

## 配方4 防变色电镀银的电镀液

**原料配比**

| 原料 | 配比/g | | | | |
|---|---|---|---|---|---|
| | 1# | 2# | 3# | 4# | 5# |
| 磺基水杨酸 | 140 | 130 | — | — | — |
| 硝酸银 | 25 | 20 | 50 | 40 | 45 |
| 焦亚磷酸钾 | — | — | 110 | 80 | 90 |
| 硫代硫酸钠 | — | — | 300 | 240 | 260 |
| 聚乙烯亚胺 | — | — | 0.2 | 0.05 | 0.1 |
| 乙酸钠 | 50 | 40 | — | — | — |
| 葫芦脲[6] | 12mL | 10mL | 15mL | 8mL | 10mL |
| 去离子水 | 加至 1000mL | 加至 1000mL | 加至 1000mL | 加至 1000mL | 加至 1000mL |

**制备方法** 将各组分原料混合均匀即可。

**原料介绍** 所述的葫芦脲[6]具有如下结构：

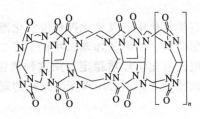

其中，$n=6$。

**产品应用** 电镀工艺包括如下步骤：

(1) 工件镀前处理；

(2) 温自来水冲洗；

(3) 冷自来水冲洗；

(4) 第一次去离子水洗；

(5) 电镀液镀银，电镀液的 pH 值为 $5\sim10.5$，温度为 $0\sim35℃$，阴极电流密度为 $0.1\sim0.7A/dm^2$；

（6）第二次去离子水洗；

（7）浸入浸渍液，浸渍液为葫芦脲［6］溶液，所述葫芦脲［6］溶液的浓度为 1～1.5mg/mL，pH 为 6～7.5，温度为 10～35℃，浸渍时间为 2～6s；

（8）第三次去离子水洗；

（9）冷风吹干。

**产品特性**

（1）本品可以防止银在铜、镍等金属上被置换出，还可以防止银镀层在含有硫及硫化物的潮湿空气中以及紫外光照射下变色、发黄。

（2）本品中的葫芦脲［6］作为防变色添加剂。葫芦脲［6］拥有疏水性的内部空腔，可与客体分子通过疏水作用形成包含物，阻止了 Ag 与 S、$SO_2$ 及其他硫化物接触，起到了防 Ag 变色作用。葫芦脲在大环分子两端拥有多个脲羰基，是优良的阳离子键合点，与多种金属离子有极强的结合力。当它在阴极上吸附时，使 Ag 与 Cu 或 Ni 在通电电镀前的热力学上的电极电位序接近，不置换银。

（3）本品除了在防变色电镀银的电镀液中加入葫芦脲外，还在镀银件经过去离子水清洗后，再一次浸渍在含葫芦脲的溶液中，使防变色的效果延长到一年以上甚至更久。

（4）本品在电镀过程中，槽压正常，没有出现阳极钝化、发黑现象，镀层表面未出现毛刺现象，镀层表面光亮，纯净性、导电性、导热性以及焊接性能均良好，且持久不变色。

## 配方5　防变色无氰镀银电镀液

**原料配比**

| 原料 | 配比/g | | |
|---|---|---|---|
| | 1# | 2# | 3# |
| 硝酸银 | 38 | 50 | 43 |
| 2-硫代-5,5-二甲基乙内酰脲 | 110 | 120 | 118 |
| 丁二酰亚胺 | 15 | 30 | 30 |
| 焦磷酸钠 | 40 | 100 | 70 |
| 焦磷酸 | 30 | 60 | 55 |
| 蛋氨酸 | 35 | 52 | 52 |
| 聚乙二醇 | 0.5 | 2 | 1 |
| 苯并三唑 | 4 | 10 | 8 |
| 壬基酚聚氧乙烯月桂醚 | 2 | 8 | 8 |
| 亚硫酸钠 | 50 | 150 | 130 |
| 去离子水 | 加至 1000mL | 加至 1000mL | 加至 1000mL |

**制备方法**　将各组分原料混合均匀即可。

**产品应用**　电镀方法：

（1）镀件基材表面前处理，即有机溶剂除油、碱性液除油、水洗后烘干或晾干。碱性液有 NaOH(8～12g/L)、$Na_2CO_3$(45g/L)、$Na_3PO_4$(40～50g/L)、$Na_2SiO_3$(8g/L)。

（2）电镀银：银板或铂片为阳极，镀件为工作电极，阳极与工作电极之间的距离为 8～20cm，电流密度为 0.2～$2A/dm^2$，溶液泵循环搅拌，35～70℃下电镀 10～30min 得到银镀层。25min 电镀时间最佳。

（3）将步骤（2）得到的镀件置于去离子水中清洗，干燥后包装。

**产品特性** 该防变色无氰镀银电镀液环保易得，采用多种配位剂进行配位，电镀液稳定性好。电镀液可在较宽的电流范围内使用，重复性好。采用本电镀方法得到的银镀层与镀件基材之间结合强度好，整平能力佳，覆盖能力优异，颜色光亮，不易变暗，且无需在基材表面预镀中间层。

## 配方 6　高速光亮镀银电镀液

原料配比

| 原料 | 配比/g | | 原料 | 配比/g | |
|---|---|---|---|---|---|
| | 1# | 2# | | 1# | 2# |
| 金属银 | 40 | 50 | 润湿剂 | 5mL | 5mL |
| 氰化钾 | 100 | 90 | 银补充剂 | 适量 | 适量 |
| 氢氧化钾 | 30～50 | 40 | 去离子水 | 加至 1000mL | 加至 1000mL |
| 主光剂 | 15mL | 20mL | | | |

**制备方法** 在槽中加入 1/2 体积的热水，搅拌下溶解氢氧化钾和氰化钾，加入银补充剂（如果使用氰化银钾，另外用热水溶解后加入槽中，如果使用氰化银，直接加入槽中，搅拌至溶解），然后加入金属银主光剂和润湿剂，搅拌并调节溶液温度和体积至规定值。

**原料介绍**

所述的主光剂为 GS HS HBAG 100S 浓缩液，配制 1L GS HS HBAG 100S 浓缩液的方法：在 1L 镀银工作液中（KCN 含量不低于 90g/L）加入 GS HS HBAG 100S 固体 20 克，强烈搅拌至溶解即可使用。

所述的润湿剂为 GS HS HBAG 100T 溶液。

所述的银补充剂为氰化银钾或氰化银中的一种。

**产品应用** 电镀工艺包括以下步骤：浸泡除油、超声波除油、活化、焦铜、氨镍、预镀银、镀银、厚银、银保护、脱水、烘干。

**产品特性** 本镀液制备简单快捷，具有纯度高、应用范围广、分散能力好、覆盖能力强等功能，实用性强，可实现厚镀且表面均一。

## 配方 7　光亮镀银电镀液

原料配比

| 原料 | 配比（质量份） | | 原料 | 配比（质量份） | |
|---|---|---|---|---|---|
| | 1# | 2# | | 1# | 2# |
| 硫酸银 | 30 | 35 | 连二亚硫酸钠 | 8 | 10 |
| 硫酸镍 | 20 | 25 | 碳酸钡 | 6 | 10 |
| 氯化镍 | 10 | 15 | 硫酸亚铁 | 8 | 10 |
| 硝酸银 | 20 | 25 | 硫酸 | 10 | 12 |
| 硫代硫酸钠 | 20 | 30 | 壬基酚聚氧乙烯醚 | 5 | 8 |
| 硫代硫酸铵 | 10 | 15 | 苯甲酸钠 | 3 | 5 |
| 酒石酸 | 5 | 8 | 硅油 | 4 | 6 |
| 焦亚硫酸钠 | 10 | 12 | 去离子水 | 80 | 100 |
| 山梨酸钾 | 3 | 5 | | | |

**制备方法** 将各组分原料混合均匀即可。

**产品特性** 本品不含氰化物，镀层镜面光亮，能达到氰化物镀银的效果，具有镀层不易变色、脆性小、附着力好等优点。

## 配方 8 含有复配磺酸盐光亮剂的 PCB 板银电镀液

**原料配比**

| 原料 | | 配比/g | | |
| --- | --- | --- | --- | --- |
| | | 1# | 2# | 3# |
| 硝酸银 | | 45 | 55 | 50 |
| 硫代硫酸钾 | | 150 | 240 | 210 |
| 焦亚硫酸钾 | | 55 | 80 | 65 |
| 复配磺酸盐光亮剂/(mg/L) | | 400 | 400 | 400 |
| 去离子水 | | 加至 1000mL | 加至 1000mL | 加至 1000mL |
| 复配磺酸盐光亮剂 | 苯并噻唑基-S-$(CH_2)_3$-$SO_3Na$ | 3 | 2 | 1 |
| | $(CH_3)_2$—N—C(═S)—S—$(CH_2)_3SO_3Na$ | 1 | 2 | 3 |

**制备方法**

（1）将硝酸银溶于去离子水；

（2）在另一容器中将硫代硫酸钾、焦亚硫酸钾溶于去离子水中，并搅拌；

（3）将复配磺酸盐光亮剂溶于去离子水中；

（4）将步骤（3）的光亮剂与步骤（2）的溶液混合；

（5）在超声强化下将步骤（4）所得溶液加入步骤（1）所得溶液中；

（6）添加剩余的去离子水，调节 pH 值，静置待用。

**原料介绍** 所述复配磺酸盐光亮剂含有 A 和 B 两种组分，A 组分为含有苯并噻唑端基的磺酸钠，B 组分为含有—N—C(═S)—S—基团的磺酸盐。

**产品特性** 本品逐渐淡化银的使用，采用了具有特定基团的光亮剂组合，显著改善了表面光泽性以及配合无氰体系镀银在电路板中的适用性。

## 配方 9 含有添加剂的磺基水杨酸镀银电镀液

**原料配比**

镀银添加剂

| 原料 | 配比/g | | | | | |
| --- | --- | --- | --- | --- | --- | --- |
| | 1# | 2# | 3# | 4# | 5# | 6# |
| 聚乙二醇 | 12 | 12 | 12 | 12 | 12 | 12 |
| 对硝基苯胺 | 40 | 40 | 40 | 40 | 40 | 40 |
| 偶氮二异丁腈 | 9 | 9 | 9 | 9 | 9 | 9 |
| 正丙苯 | 10 | 10 | 10 | 10 | 10 | 10 |
| EDTA(乙二胺四乙酸) | 300 | 300 | 300 | 300 | 300 | 300 |
| 二巯基丙烷磺酸钠 | 150 | 150 | 150 | 150 | 150 | 150 |
| 醇醚磷酸盐 | — | 2 | 2 | 2 | 2 | 2 |
| 三乙胺 | — | 4 | 4 | 4 | 4 | 4 |
| 二苯甲烷 | — | 0.6 | 0.6 | 0.6 | 0.6 | 0.6 |
| 巯基乙酸 | — | 80 | 80 | 80 | 80 | 80 |
| 聚氧乙烯酰胺 | — | — | 4 | 4 | 4 | 4 |
| 乙烯亚胺 | — | — | 2 | 2 | 2 | 2 |

| 原料 | 配比/g | | | | | |
|---|---|---|---|---|---|---|
| | 1# | 2# | 3# | 4# | 5# | 6# |
| 萘 | — | — | 0.6 | 0.6 | 0.6 | 0.6 |
| 三乙醇胺 | — | — | 50 | 50 | 50 | 50 |
| 高碳脂肪醇聚氧乙烯醚 | — | — | — | 2 | 2 | 2 |
| 吡咯烷 | — | — | — | 0.3 | 0.3 | 0.3 |
| 蒽 | — | — | — | 0.2 | 0.2 | 0.2 |
| 氟化氨 | — | — | — | 15 | 15 | 15 |
| 铬酸钾 | — | — | — | 35 | 35 | 35 |
| 烷基酚聚氧乙烯醚 | — | — | — | — | 0.8 | 0.8 |
| 乙酰丙酮 | — | — | — | — | 15 | 15 |
| 酒石酸 | — | — | — | — | 25 | 25 |
| 乙二胺四丙酸 | — | — | — | — | — | 15 |
| 水 | 加至 1000mL | 加至 1000mL | 加至 1000mL | 加至 1000mL | 加至 1000mL | 加至 1000mL |

### 磺基水杨酸镀银电镀液

| 原料 | 配比/g | 原料 | 配比/g |
|---|---|---|---|
| 镀银添加剂 | 250mL | 丙酸铵 | 25 |
| 磺基水杨酸 | 180 | 氢氧化钠 | 18 |
| 硝酸银 | 60 | 水 | 加至1000mL |

**制备方法** 磺基水杨酸镀银添加剂的制备方法：

（1）将水加热到 80～90℃，以 1000～1200r/min 的速度搅拌，依次加入聚乙二醇、醇醚磷酸盐、聚氧乙烯酰胺、高碳脂肪醇聚氧乙烯醚和烷基酚聚氧乙烯醚，继续在 80～90℃、1000～1200r/min 条件下搅拌 20～30min；

（2）将 EDTA（乙二胺四乙酸）、二巯基丙烷磺酸钠、巯基乙酸、三乙醇胺、氟化氨、铬酸钾、乙酰丙酮、酒石酸和乙二胺四丙酸依次加入步骤（1）所得的物料中，在 80～90℃、1000～1200r/min 条件下搅拌 10～20min；

（3）将对硝基苯胺、偶氮二异丁腈、三乙胺、乙烯亚胺、吡咯烷、正丙苯、二苯甲烷、萘和蒽依次加入步骤（2）所得的物料中，在 80～90℃、1000～1200r/min 条件下搅拌 30～40min，得磺基水杨酸镀银添加剂。

磺基水杨酸镀银电镀液的制备方法：

（1）将磺基水杨酸溶于水，得溶液一；

（2）将氢氧化钠溶于水，加入溶液一中，得溶液二；

（3）将硝酸银溶于水，加入溶液二中，得溶液三；

（4）将丙酸铵溶于水，加入溶液三中，得溶液四；

（5）将磺基水杨酸镀银添加剂加入溶液四中，再加水至所需量，调节 pH 至 9，即得磺基水杨酸镀银电镀液。

**产品应用** 本品是一种磺基水杨酸镀银电镀液，可满足装饰性电镀和功能性电镀等多领域的应用，可直接用于黄铜、铜、化学镍等工件的电镀，无需预镀，结合力也能得到保证。

**产品特性** 将所述添加剂添加在镀银电镀液中，电镀液的分散性、稳定性、电镀性等有了非常显著的提升，无需在电镀过程中反复调整 pH 值，同时显著改善了银镀层的平整性、附着力、光泽度、抗变色性等性能，还使镀层的厚度减薄，且无龟裂等现象。

## 配方 10　碱性无氰镀银电镀液

**原料配比**

| 原料 | | 配比/g | | | | | |
|---|---|---|---|---|---|---|---|
| | | 1# | 2# | 3# | 4# | 5# | 6# |
| 主盐 | 硝酸银 | 20 | 30 | 40 | 50 | 35 | 45 |
| 配位剂 | 5,5-二甲基乙内酰脲 | 100 | 50 | 80 | 75 | 60 | 40 |
| | 焦磷酸钾 | 70 | 75 | 90 | 85 | 80 | 100 |
| 复合光亮剂 | 聚二硫二丙烷磺酸钠 | 0.9 | 0.8 | 1 | 1.2 | 1.1 | 1 |
| | 苯并三氮唑 | 0.12 | 0.14 | 0.13 | 0.15 | 0.1 | 0.11 |
| | N,N'-双油酰基乙二胺二乙磺酸钠 | 0.01 | 0.012 | 0.014 | 0.015 | 0.011 | 0.014 |
| | 聚乙二醇 | 0.15 | 0.2 | 0.3 | 0.25 | 0.15 | 0.1 |
| 水 | | 加至 1000mL | 加至 1000mL | 加至 1000mL | 加至 1000mL | 加至 1000mL | 加至 1000mL |

**制备方法**　取部分水，加入各原料，通过搅拌或超声使其溶解并分散均匀，然后调节 pH 并定容。

**产品应用**　电镀步骤：化学除油、水洗、酸洗活化、水洗、采用所述的碱性无氰镀银电镀液进行电镀银、水洗。所述电镀银的电流密度为 $0.6 \sim 1.0 A/dm^2$，电镀液温度为 $20 \sim 60 ℃$。

**产品特性**　本品各组分相互配合，协同作用，稳定性好，耐铜置换性能强，镀液分散能力强。所得银镀层晶体颗粒细小、晶粒细密、排列整齐、表面平整、光亮，光泽度好，抗变色能力强，硬度高，与基体的结合力强，绿色环保，适合推广使用。

## 配方 11　零件镀银环保电镀液

**原料配比**

| 原料 | 配比(质量份) | | |
|---|---|---|---|
| | 1# | 2# | 3# |
| 硝酸银 | 60 | 80 | 90 |
| 乙酸铵 | 10 | 15 | 20 |
| 氨苯羧酸 | 80 | 100 | 120 |
| 焦亚硫酸钠 | 20 | 30 | 40 |
| 月桂醇聚氧乙烯醚硫酸钠 | 6 | 8 | 10 |
| 椰油酰胺丙基甜菜碱 | 12 | 16 | 20 |
| 硫酸钠 | 10 | 15 | 20 |
| 全氟丁基磺酰氟 | 10 | 13 | 15 |
| 三乙醇胺 | 2 | 10 | 18 |
| 柠檬酸 | 1 | 3 | 5 |
| 石油磺酸钠 | 5 | 10 | 15 |
| 脂肪醇聚氧乙烯醚 | 2 | 3 | 4 |
| 对硝基苯甲酸 | 2 | 3 | 4 |
| 四硼酸钠 | 1 | 1 | 2 |
| 二甲基马来酸酐 | 2 | 2 | 3 |
| 去离子水 | 适量 | 适量 | 适量 |

**制备方法**

（1）将去离子水加热到70~85℃，依次加入月桂醇聚氧乙烯醚硫酸钠、椰油酰胺丙基甜菜碱、硫酸钠、全氟丁基磺酰氟，混合均匀，获得A溶液；

（2）将上述A溶液升温至90~95℃，依次加入三乙醇胺、四硼酸钠和剩余的其他原料，混合均匀后，冷却至室温，即获得本品。

**产品特性**　本品可以改善汽车零件加工设备的电镀效果，方便根据需要使用，便于更好地针对汽车零件加工设备进行电镀。

## 配方12　含有硫代硫酸盐镀银添加剂的电镀液

**原料配比**

硫代硫酸盐镀银添加剂

| 原料 | 配比/g | | | | | |
|---|---|---|---|---|---|---|
| | 1# | 2# | 3# | 4# | 5# | 6# |
| 十二烷基硫酸钠 | 15 | 15 | 15 | 15 | 15 | 15 |
| 聚乙二醇 | 4 | 4 | 4 | 4 | 4 | 4 |
| 氮芥 | 11 | 11 | 11 | 11 | 11 | 11 |
| 异丙苯 | 8 | 8 | 8 | 8 | 8 | 8 |
| 1,10-邻二氮菲 | 300 | 300 | 300 | 300 | 300 | 300 |
| 二巯基丙醇 | 80 | 80 | 80 | 80 | 80 | 80 |
| 巯基乙胺 | 80 | 80 | 80 | 80 | 80 | 80 |
| EGTA[乙二醇双（2-氨基乙基醚）四乙酸] | 120 | 120 | 120 | 120 | 120 | 120 |
| 烷基糖苷 | — | 4 | 4 | 4 | 4 | 4 |
| 硝基甲烷 | — | 3 | 3 | 3 | 3 | 3 |
| 三苯甲烷 | — | 1.5 | 1.5 | 1.5 | 1.5 | 1.5 |
| 硫脲 | — | 20 | 20 | 20 | 20 | 20 |
| 椰油酸二乙醇酰胺 | — | — | 2 | 2 | 2 | 2 |
| 2-重氮基-2-苯基乙酸乙酯 | — | — | 0.8 | 0.8 | 0.8 | 0.8 |
| 四氢化萘 | — | — | 1.5 | 1.5 | 1.5 | 1.5 |
| 8-羟基喹啉 | — | — | 10 | 10 | 10 | 10 |
| 月桂酸 | — | — | — | 0.6 | 0.6 | 0.6 |
| 偶氮苯 | — | — | — | 1.5 | 1.5 | 1.5 |
| 菲 | — | — | — | 1.5 | 1.5 | 1.5 |
| 硫化钠 | — | — | — | 3 | 3 | 3 |
| 失水山梨醇酯 | — | — | — | — | 0.3 | 0.3 |
| 甲醛缩氨脲 | — | — | — | — | 0.6 | 0.6 |
| 柠檬酸 | — | — | — | — | 0.8 | 0.8 |
| 草酸 | — | — | — | — | — | 0.3 |
| 水 | 加至 1000mL | 加至 1000mL | 加至 1000mL | 加至 1000mL | 加至 1000mL | 加至 1000mL |

硫代硫酸盐镀银电镀液

| 原料 | 配比/g | 原料 | 配比/g |
|---|---|---|---|
| 硫代硫酸盐镀银添加剂 | 350mL | 焦亚硫酸钾 | 55 |
| 硝酸银 | 55 | 水 | 加至1000mL |
| 硫代硫酸钠 | 280 | | |

**制备方法**

硫代硫酸盐镀银添加剂的制备方法：

（1）将水加热到70～80℃，以1200～1400r/min的速度搅拌，依次加入十二烷基硫酸钠、聚乙二醇、烷基糖苷、椰油酸二乙醇酰胺、月桂酸和失水山梨醇酯，继续在70～80℃、1200～1400r/min条件下搅拌10～15min；

（2）将1,10-邻二氮菲、二巯基丙醇、巯基乙胺、EGTA、硫脲、8-羟基喹啉、硫化钠、柠檬酸和草酸依次加入步骤（1）所得的物料中，在70～80℃、1200～1400r/min条件下搅拌15～20min；

（3）将氮芥、硝基甲烷、2-重氮基-2-苯基乙酸乙酯、偶氮苯、甲醛缩氨脲、异丙苯、三苯甲烷、四氢化萘和菲依次加入步骤（2）所得的物料中，在70～80℃、1200～1400r/min条件下搅拌20～30min，得硫代硫酸盐镀银添加剂。

硫代硫酸盐镀银电镀液的制备方法：

（1）将硫代硫酸钠溶于水；

（2）将硝酸银和焦亚硫酸钾分别溶于水，在不断搅拌下混合；

（3）在搅拌条件下，将步骤（1）所得物料加入步骤（2）所得的物料中；

（4）在搅拌条件下，将硫代硫酸盐镀银添加剂加入步骤（3）所得的物料中，加水至所需量，调节pH至6，得硫代硫酸盐镀银电镀液。

**产品应用**　本品是一种硫代硫酸盐镀银电镀液，可满足装饰性电镀和功能性电镀等多领域的应用，可直接用于黄铜、铜、化学镍等工件的电镀，无需预镀，结合力也能得到保证。

**产品特性**

（1）将所述添加剂添加在镀银电镀液中，电镀液的分散性、稳定性、电镀性等有了非常显著的提升，无需在电镀过程中反复调整pH值，还使镀层的厚度减薄，且无龟裂等现象。

（2）本品不含氰化物，镀层镜面光亮、脆性小、附着力好、表面平整、光亮、抗变色性好、耐热性强。

# 配方13　无氰镀银电镀液（一）

**原料配比**

| 原料 | 配比（质量份） | | | | |
|---|---|---|---|---|---|
| | 1# | 2# | 3# | 4# | 5# |
| 硝酸银 | 10 | 20 | 40 | 50 | 20 |
| 咪唑 | 50 | 80 | 150 | 200 | 100 |
| 磺基水杨酸 | 50 | 80 | 150 | 200 | 100 |
| 乙酸钾 | 10 | 30 | 40 | 50 | 20 |
| 氢氧化钾 | 5 | 10 | 15 | 20 | 10 |
| 去离子水 | 加至1000mL | 加至1000mL | 加至1000mL | 加至1000mL | 加至1000mL |

**制备方法**

（1）将配位剂和缔合剂分别用水溶解，并将二者水溶液混合均匀；

（2）将硝酸银用水溶解得到硝酸银水溶液；

（3）边搅拌边将硝酸银水溶液加入配位剂与缔合剂的混合溶液中，并搅拌均匀；

　（4）加入电解质搅拌均匀，加水至规定的体积；

　（5）使用 pH 值调节剂，将上述溶液的 pH 值调至 6～8；

　（6）过滤，所得滤液即为无氰镀银的电镀液。

**原料介绍**

所述配位剂为咪唑、4-甲基咪唑和组氨酸中的一种或多种。

所述缔合剂为磺基水杨酸。

所述电解质为乙酸钾、乙酸钠和乙酸铵中的一种或多种。

所述 pH 值调节剂为氢氧化钾、氢氧化钠、氨水和冰醋酸中的一种或多种。

**产品应用**　本品是一种无氰镀银的电镀液。

电镀方法：将经过预处理的深槽镀件置于无氰镀银电镀液中，采用具有指向的超声电镀方式进行电镀。所述超声电镀的超声参数：超声频率为 20～50kHz，超声功率为 10～100W/cm$^2$。所述超声电镀的超声波垂直于施镀表面指向深槽内部。所述超声电镀的电镀参数：施镀温度为 15～40℃，pH 值为 6～8，电流密度为 0.3～2A/dm$^2$，施镀时间为 60～600s。

**产品特性**

本品稳定，挥发低，毒性小；采用超声电镀法镀银所得到的镀层外观均匀致密，与基材结合牢固，具有优异的耐候性、焊接能力和电性能；超声作用满足深槽工件和异型工件对镀银的要求，解决了无氰镀银体系电镀液电流密度低、镀液深镀能力差的技术问题。

## 配方 14　无氰镀银的电镀液

**原料配比**

| 原料 | | 配比/g | | | | | | | | |
| --- | --- | --- | --- | --- | --- | --- | --- | --- | --- | --- |
| | | 1# | 2# | 3# | 4# | 5# | 6# | 7# | 8# | 9# |
| 甲基磺酸银 | | 25 | 55 | 45 | 35 | 45 | 25 | 25 | 25 | 25 |
| 磺酸卡宾银 | | 15 | 20 | 25 | 18 | 22 | 15 | 15 | 15 | 15 |
| 柠檬酸 | | 63 | 63 | 13 | 33 | 23 | 63 | 63 | 63 | 63 |
| 磷酸二氢钠 | | 11.5 | 21.5 | 11.5 | 16.5 | 14.5 | 11.5 | 11.5 | 11.5 | 11.5 |
| 氨基三亚甲基膦酸 /(mg/L) | | 400 | 400 | 800 | 600 | 500 | 400 | 400 | 400 | 400 |
| 植酸 | | 0.5mL | 10.5mL | 0.5mL | 5.5mL | 3.5mL | 0.5mL | 0.5mL | 0.5mL | 0.5mL |
| 有机添加剂 | | — | — | — | — | 2.5 | — | 4.8 | 3.4 | 3.4 |
| 去离子水 | | 加至 1000mL | 加至 1000mL | 加至 1000mL | 加至 1000mL | 加至 1000mL | 加至 1000mL | 加至 1000mL | 加至 1000mL | 加至 1000mL |
| 有机添加剂 | 酒石酸钾 | — | — | — | — | 1 | — | — | — | — |
| | 聚乙烯基吡咯烷酮 | — | — | — | — | 1 | — | — | — | — |
| | 茶皂素 | — | — | — | — | 1 | — | — | — | — |
| | 脂肪胺聚氧乙烯醚 | — | — | — | — | — | — | 1 | — | — |

| 原料 | | 配比/g | | | | | | | | |
|---|---|---|---|---|---|---|---|---|---|---|
| | | 1# | 2# | 3# | 4# | 5# | 6# | 7# | 8# | 9# |
| 有机添加剂 | 椰子油脂肪酸二乙醇酰胺 | — | — | — | — | — | — | 1 | — | — |
| | 2-乙基己基硫酸钠 | — | — | — | — | — | — | 1 | — | — |
| | 聚乙烯醇 | — | — | — | — | — | — | — | 1 | — |
| | 脂肪酸乙酯磺酸盐 | — | — | — | — | — | — | — | 1 | — |
| | 十二烷基磺酸钠 | — | — | — | — | — | — | — | 2 | — |
| | 十二烷基葡糖苷 | — | — | — | — | — | — | — | — | 1 |

**制备方法** 将各组分原料混合均匀即可。电镀液的 pH 值控制在 6～8 之间。

**产品应用** 电镀方法：

(1) 配制上述电镀液，控制电镀液的温度为 45～65℃；

(2) 以银板作为阳极，以待镀工件作为阴极，在阳极、阴极之间施加单脉冲电源，脉宽为 110～130ms，控制阴极的平均脉冲电流密度为 2～5A/dm²，电镀过程中阴极移动搅拌，待镀层厚度达到要求时，完成电镀。

**产品特性** 本品不含剧毒物质，添加剂稳定性高，且加入之后镀液的稳定性不变，在储存与使用的过程中添加剂在镀液中不发生分解，经过多次恒电流施镀后添加剂无分解，可以明显提升银镀层的电沉积速度，并不影响阴极电流效率，可以有效扩大所允许的工作电流密度范围，在很宽的温度范围、电流密度范围内均能得到镜面光泽、性能优异的银镀层，保证了加入添加剂后的无氰电镀银体系可以适用于不同领域的生产要求，实现了完全替代氰化物电镀银的目的，实现了镀银工艺的绿色环保化。

## 配方 15　以硝酸银为主盐的无氰镀银电镀液

**原料配比**

| 原料 | 配比/g | | |
|---|---|---|---|
| | 1# | 2# | 3# |
| 硝酸银 | 60 | 70 | 75 |
| 乙酸铵 | 10 | 18 | 15 |
| 氨苯羧酸 | 80 | 100 | 110 |
| 焦亚硫酸钠 | 20 | 30 | 30 |
| 乙内酰脲衍生物 | 60 | 60 | 70 |
| 邻苯甲酰磺酰亚胺钠 | 0.5 | 0.5 | 0.6 |
| 去离子水 | 加至 1000mL | 加至 1000mL | 加至 1000mL |

**制备方法** 将各组分原料混合均匀即可。

**产品应用** 使用上述镀银电镀液电镀，用银板作阳极，工件作阴极，电镀的温度为 30～45℃，电流密度为 20～30A/dm²，阴极与阳极的距离为 8～15cm，电镀液

pH 值为 8～9。

**产品特性**

（1）本品电镀得到的镀层与基材之间的结合强度良好，抗变色性优异，可满足装饰性电镀和功能性电镀等多领域的应用；电镀液中不含有氰离子，简化废水处理，安全环保。

（2）本品电镀制得的镀层无气泡，也没有剥离，制得的镀层与基体结合性好，可有效解决镀层应力和脆性大、结合强度差的问题。

## 配方 16 稳定性好的无氰镀银电镀液

**原料配比**

| 原料 | 配比/g | | |
|---|---|---|---|
| | 1# | 2# | 3# |
| 硝酸银 | 60 | 70 | 75 |
| 硫酸钠 | 10 | 16 | 15 |
| 氮苯羧酸 | 80 | 95 | 90 |
| 焦亚硫酸钠 | 20 | 35 | 30 |
| 氢氧化钠 | 70 | 75 | 70 |
| 去离子水 | 加至 1000mL | 加至 1000mL | 加至 1000mL |

**制备方法**

（1）将氢氧化钠和硫酸钠溶解于去离子水中，加入氮苯羧酸和焦亚硫酸钠搅拌至溶解，制成混合液；

（2）将硝酸银溶液溶解于去离子水中后逐滴滴入所述混合液中，制得无氰镀银电镀液。

**产品应用** 本品是一种无氰镀银电镀液。电镀时，用银板作阳极，工件作阴极，电镀液温度为 $50\sim60℃$，电流密度为 $25\sim35A/dm^2$，阴极与阳极的距离为 $6\sim12cm$。

**产品特性** 本品稳定性好、不含有剧毒物质、安全环保；电镀得到的镀层与基体的结合强度好，抗变色性优异，可满足装饰性电镀和功能性电镀等多领域的应用；电镀速度快。

## 配方 17 镀银用无氰电镀液

**原料配比**

| 原料 | 配比/g | | |
|---|---|---|---|
| | 1# | 2# | 3# |
| 硝酸银 | 30 | 30 | 35 |
| 硫代硫酸钠 | 60 | 75 | 70 |
| 焦亚硫酸钠 | 60 | 65 | 65 |
| 硫代氨基脲 | 1 | 1.5 | 1 |
| 硫酸铵 | 20 | 20 | 25 |
| 尼克酰胺 | 30 | 35 | 35 |
| 去离子水 | 加至 1000mL | 加至 1000mL | 加至 1000mL |

**制备方法** 将硫代硫酸钠溶解于去离子水中，加入硫代氨基脲、尼克酰胺和焦

亚硫酸钠搅拌至溶解，制成混合液；将硝酸银溶液溶解于去离子水中后逐滴滴入所述混合液中，再加入硫酸铵，制得无氰镀银电镀液。无氰镀银电镀液 pH 值为 5～6。

**产品应用** 本品是一种无氰镀银电镀液。

电镀步骤：

（1）对镀件进行打磨抛光、除油和活化处理。

（2）用银板作阳极，镀件作阴极，进行电镀，电镀温度为 50～60℃，电流密度为 6～8A/dm$^2$。

（3）钝化处理。将镀件取出，置于含有三氧化二铬和氯化钠的混合液中浸渍 12s，取出洗净，置于硫代硫酸钠溶液中浸渍 6s，取出洗净，置于浓度为 35% 的浓盐酸中浸渍 20s，取出洗净，得到银镀层。

**产品特性** 本品稳定性及分散性优良，不含氰离子，安全环保；电镀得到的镀层表面平整、致密、光亮度好、抗变色能力强。

## 配方 18　无氰镀银电镀液（二）

**原料配比**

| 原料 | 配比（质量份） | | |
|---|---|---|---|
| | 1# | 2# | 3# |
| 硝酸银 | 18 | 41 | 38 |
| 5,5-二甲基海因 | 51 | 110 | 92 |
| 5-异丙基 2,4-咪唑啉二酮 | 26 | 45 | 41 |
| 氢氧化钾 | 13 | 31 | 29 |
| 柠檬酸钾 | 37 | 18 | 25 |
| 钼酸铵 | 1 | 3 | 2 |
| 壬基酚聚氧乙烯月桂醚 | 2 | 6 | 4.5 |
| 亚硫酸钠 | 58 | 123 | 96 |
| 异烟酸 | 20 | 14 | 11 |
| 去离子水 | 加至 1000 | 加至 1000 | 加至 1000 |

**制备方法** 将各组分原料混合均匀即可。该无氰镀银液采用氢氧化钾调节 pH 在 8～10，并保持无氰镀银液温度在 25～45℃。

**产品应用** 无氰镀银电镀液的电镀方法：

（1）将待镀工件表面打磨抛光后除油，然后进行酸性活化和中和清洗处理；待镀工件为铜片、镍片或其合金中的任意一种。除油分为碱性除油和超声除油。超声除油：将抛光后的工件浸入丙酮和二氯甲烷（体积比为 1:1）的混合溶液中，超声清洗 1min，去除表面的有机物，采用无水乙醇超声清洗 2min，再用去离子水冲洗 2 次，最后使用超去离子水冲洗 1 次。

（2）将前处理后的待镀工件置于无氰镀银电镀液中，控制电镀液的温度在 35～55℃，电流密度为 1～2A/dm$^2$，完成预镀银。

（3）以预镀银后的工件作为阴极，以惰性极板作为阳极，通入电流进行电镀。惰性极板为铂片或石墨，阴极和阳极之间的距离为 16～30cm，电流以每分钟 0.1～0.2A/dm$^2$ 的速率从 0A/dm$^2$ 线性升高至 1～3A/dm$^2$，随后恒电流沉积 20～30min，电镀温度保持在 20～55℃。电镀过程中采用磁力搅拌器进行搅拌。

**产品特性** 本品不含有剧毒物质，多种配位剂协同作用使得镀液稳定性好，分散能力与覆盖能力优异，且在很宽的电流密度范围内均能得到具有良好性能的银镀层。

### 配方 19 以四氟硼酸银为主盐的无氰镀银电镀液

原料配比

| 原料 | 配比/g | | | | |
|---|---|---|---|---|---|
| | 1# | 2# | 3# | 4# | 5# |
| 四氟硼酸银 | 10 | 20 | 40 | 60 | 30 |
| 甲基戊炔醇 | 0.8 | 0.1 | 1.2 | 1.5 | 1.0 |
| 1,4-丁炔二醇 | 0.5 | 0.8 | 1.2 | 0.1 | 0.2 |
| 乙酸铵 | 10 | 14 | 18 | 20 | 15 |
| 茴香醛 | 20 | 7 | 12 | 15 | 17 |
| 苯甲酸 | 10 | 16 | 20 | 25 | 20 |
| 去离子水 | 加至 1000mL | 加至 1000mL | 加至 1000mL | 加至 1000mL | 加至 1000mL |

**制备方法** 将甲基戊炔醇、1，4-丁炔二醇、乙酸铵、茴香醛、苯甲酸依次加入去离子水中溶解，最后加入四氟硼酸银溶液获得无氰电镀银电镀液。无氰镀银电镀液的 pH 值为 3～7，用氢氧化钾溶液调节。

**产品应用** 电镀步骤：

（1）基体除油→酸洗→水洗→化学抛光→水洗→浸银→水洗后干燥。

（2）将处理后基体与银板阳极接入电极后置于无氰电镀液中，阴、阳极距离为 4～10cm，电镀液温度为 20～40℃，电流密度为 0.1～0.5A/dm²，电镀 10～100min，然后用去离子水清洗表面后干燥，完成电镀。

**产品特性** 本品中不含有氰化物等剧毒物质，镀液稳定性好，新配制的溶液以及施镀后的溶液在放置半个月后几乎不产生沉淀、没有变色现象，且施镀效果良好。将成品多次弯折，镀层未发现明显起皮、脱落等现象；镀层细密平整，晶粒细小。

### 配方 20 环保无氰镀银电镀液

原料配比

| 原料 | 配比/g | | |
|---|---|---|---|
| | 1# | 2# | 3# |
| 硝酸银 | 80 | 86 | 88 |
| 硫酸亚锡 | 20 | 22 | 24 |
| 尼克酰胺 | 42 | 45 | 46 |
| 硫代硫酸钠 | 60 | 66 | 68 |
| 焦亚硫酸钠 | 30 | 38 | 38 |
| 硫代氨基脲 | 0.2 | 0.3 | 0.3 |
| 聚乙二醇 | 0.1 | 0.2 | 0.3 |
| 去离子水 | 加至 1000mL | 加至 1000mL | 加至 1000mL |

**制备方法** 将尼克酰胺、硫代氨基脲和聚乙二醇溶于去离子水中配成混合液，再向所述混合液中加入硝酸银和硫酸亚锡，搅拌均匀，加入硫代硫酸钠、焦亚硫酸钠和余量的去离子水，制得无氰镀银用电镀液。

**产品应用** 电镀步骤：用银板作阳极，工件作阴极，进行电镀，电镀温度为 20～40℃，电流密度为 $10～20A/dm^2$，阴极与阳极的面积比为 $(1/2～2):1$，阴极与阳极的距离为 6～12cm。

**产品特性** 本品稳定性和分散性优良，不含有剧毒物质，安全环保；采用该电镀方法电镀得到的镀层表面平整、致密，抗变色性和耐腐蚀性优异，与基体结合强度良好，可满足装饰性电镀和功能性电镀等多领域的应用。

## 配方 21 无氰环保镀银用电镀液

原料配比

| 原料 | 配比/g | | |
| --- | --- | --- | --- |
| | 1# | 2# | 3# |
| 硝酸银 | 60 | 80 | 90 |
| 硫酸亚锡 | 10 | 25 | 40 |
| 尼克酰胺 | 40 | 55 | 70 |
| 硫代硫酸钠 | 40 | 60 | 80 |
| 焦亚硫酸钠 | 20 | 30 | 40 |
| 月桂醇聚氧乙烯醚硫酸钠 | 6 | 8 | 10 |
| 椰油酰胺丙基甜菜碱 | 12 | 16 | 20 |
| 硫酸钠 | 10 | 15 | 20 |
| 全氟丁基磺酰氟 | 10 | 13 | 15 |
| 三乙醇胺 | 2 | 10 | 18 |
| 柠檬酸 | 1 | 3 | 5 |
| 石油磺酸钠 | 5 | 10 | 15 |
| 脂肪醇聚氧乙烯醚 | 2 | 3 | 4 |
| 对硝基苯甲酸 | 2 | 3 | 4 |
| 四硼酸钠 | 1 | 1 | 2 |
| 二甲基马来酸酐 | 2 | 2 | 3 |
| 去离子水 | 加至 1000mL | 加至 1000mL | 加至 1000mL |

**制备方法**

（1）将去离子水加热到 70～85℃，依次加入月桂醇聚氧乙烯醚硫酸钠、椰油酰胺丙基甜菜碱、硫酸钠、脂肪醇聚氧乙烯醚，混合均匀，获得 A 溶液；

（2）将上述 A 溶液升温至 90～95℃，依次加入二甲基马来酸酐、四硼酸钠以及剩余的其他原料，混合均匀后，冷却至室温，即获得本品。

**产品特性** 本品可以改善汽车零件加工设备的电镀效果，具有良好的稳定性和分散性，不含有剧毒物质，安全环保。

## 配方 22 无氰光亮镀银电镀液

原料配比

| 原料 | 配比/g | | | | | | | |
| --- | --- | --- | --- | --- | --- | --- | --- | --- |
| | 1# | 2# | 3# | 4# | 5# | 6# | 7# | 8# |
| 硝酸银 | 25 | 25 | 25 | 25 | 25 | 22 | 30 | 30 |
| 柠檬酸 | 30 | 30 | 30 | 30 | 35 | 20 | 50 | 40 |
| 亚硫酸钠 | 15 | 15 | 15 | 15 | 15 | 10 | 20 | 20 |
| 光亮剂 | 1.4 | 1 | 1.4 | 1.4 | 1 | 0.02 | 2 | 1.1 |
| 细化剂 | 9.6 | 7.4 | 9.2 | 4.25 | 27.5 | 1.11 | 5 | 55 |

| 原料 | | 配比/g | | | | | | | |
|---|---|---|---|---|---|---|---|---|---|
| | | 1# | 2# | 3# | 4# | 5# | 6# | 7# | 8# |
| 去离子水 | | 加至 1000mL | 加至 1000mL | 加至 1000mL | 加至 1000mL | 加至 1000mL | 加至 1000mL | 加至 1000mL | 加至 1000mL |
| 光亮剂 | 亚硒酸钠 | 0.6 | 0.4 | 0.6 | 0.6 | 0.5 | 0.01 | 1 | 0.5 |
| | 硝酸铋 | 0.8 | 0.6 | 0.8 | 0.8 | 0.5 | 0.01 | 1 | 0.6 |
| 细化剂 | 酒石酸钾 | 8 | 6 | 8 | 4 | — | — | — | — |
| | 酒石酸钠 | — | — | — | — | 20 | — | 40 | — |
| | 酒石酸铵 | — | — | — | — | — | 1 | — | — |
| | 酒石酸钾钠 | — | — | — | — | — | — | — | 20 |
| | 丁二酰亚胺 | 1 | 0.8 | 0.6 | 1 | 5 | 0.1 | 10 | 3 |
| | 1-乙烯基咪唑 | 0.6 | — | — | 0.25 | — | — | — | — |
| | 2-巯基-1-甲基咪唑 | — | 0.6 | — | — | — | — | — | — |
| | 2-羟基苯并咪唑 | — | — | 0.6 | — | — | — | — | — |
| | 4-氮杂苯并咪唑 | — | — | — | — | 2.5 | — | — | — |
| | N-乙酰基咪唑 | — | — | — | — | — | 0.01 | — | — |
| | 2,5,6-三甲基苯并咪唑 | — | — | — | — | — | — | 5 | — |
| | N-丙基咪唑与N-乙酰基咪唑组成的混合物 | — | — | — | — | — | — | — | 3 |

**制备方法**

（1）制备光亮剂：使用去离子水溶解硒化物和铋盐，搅拌制得澄清的光亮剂。

（2）制备细化剂：使用去离子水溶解酒石酸盐、丁二酰亚胺和咪唑类衍生物。搅拌制得澄清的细化剂。

（3）制备电镀液：使用去离子水溶解硝酸银、柠檬酸和亚硫酸钠，搅拌至澄清后，向其中加入步骤（1）制得的光亮剂和步骤（2）制得的细化剂，混合均匀，然后使用去离子水定容即可制得所述电镀液。

**产品应用**　所述电镀液的工作温度为 $25\sim40℃$，工作 pH 值为 $9.0\sim12$，阴极电流密度为 $0.1\sim2A/dm^2$。

**产品特性**　本品性质非常稳定，容易控制，镀液电流效率高，分散能力和覆盖能力好；制得的镀层均匀，抗变色性能强，硬度高，焊接性能优良；本品不含氰，消除了氰化物对人身安全的危害，大大降低了对环境的污染。

## 配方 23　新型无氰镀银电镀液

**原料配比**

| 原料 | 配比/g | | |
|---|---|---|---|
| | 1# | 2# | 3# |
| 硝酸银 | 1.5 | 2.5 | 4 |
| 碳酸钾 | 25 | 50 | 2 |
| 海因 | 100 | 52 | 2 |
| 葡萄糖酸钾 | 50 | 0.1 | 100 |

| 原料 | 配比/g | | |
|---|---|---|---|
| | 1# | 2# | 3# |
| 苹果酸钾 | 0.1 | 100 | 51 |
| 柠檬酸 | 150 | 0.1 | 76 |
| 乙内酰脲 | 145 | 0.1 | 0.1 |
| 丁炔二醇 | 0.1 | 154 | 280 |
| 烷基磺酸类表面活性剂 | 0.0001 | 20 | 10.5 |
| 去离子水 | 加至 1000mL | 加至 1000mL | 加至 1000mL |

**制备方法** 将各组分原料混合均匀即可。

**产品应用** 本品主要用于铜、铁及其合金铸件表面镀银，亦可用于塑料表面镀银，电器、电子、通讯设备和仪器仪表制造等行业也会用到该新型无氰镀银电镀液。

新型无氰镀银工艺流程：

（1）前处理→水洗→活化→水洗：先将打磨、水洗后的镀件基体放入含有浓硫酸（180g/L）和 OP 乳化剂（25g/L）的混合水溶液中，于 80℃下浸泡 3min，然后转移至含有浓盐酸（100g/L）和十二烷基硫酸钠（10g/L）的混合水溶液中，常温下浸渍 2min，取出后用去离子水冲洗干净；将镀件基体浸入含有过硫酸铵（3g/L）、氯化铵（6g/L）和浓硫酸（90g/L）的混合水溶液中，在 80℃下浸泡 60s，取出后用去离子水冲洗干净备用。

（2）预镀银：无氰镀银预镀液的组成成分为硝酸银（3g/L）、甲基磺酸（50g/L）、海因（50g/L）、氢氧化钾（30g/L）、碳酸钾（30g/L）、烟酸（25g/L），pH 值为 10。以步骤（1）活化后的镀件基体为阴极，纯银板为阳极，在无氰镀银预镀液中进行预镀银，阴极电流密度为 0.35A/dm²，阴极移动速度为 2.5m/min，常温下预镀 1min。

（3）镀银→回收→水洗：调节镀液 pH 值到 9～10。以步骤（2）中预镀过的工件为阴极，纯银板为阳极，浸入上述电镀液中，镀液温度保持在 20～70℃，阴极电流密度为 0.01～100A/dm²，电镀时间为 10～120min，搅拌速度（阴极移动）为 1～4m/min。电镀完成后将镀件浸入去离子水中回收镀件表面的电镀液，浸泡 10～30s 后，用流动的去离子水漂洗 20～40s。

（4）调整处理→水洗→热水洗（80℃）→水洗→银保护剂处理：将电镀完成的工件浸入 20% 的硫酸溶液中，浸泡 30s，用去离子水漂洗 30s，80℃热水浸洗 2.5min，去离子水漂洗 30s，最后浸入银保护剂中。

**产品特性**

（1）镀液稳定，无水解现象，电流效率高，分散能力和覆盖能力好；

（2）镀层可焊性、抗变色能力好，结合强度好（优于氰化镀银），光亮性与氰化镀银相当，适应复杂零件电镀；

（3）槽液维护较氰化镀银简单，废水处理成本大幅度降低。

## 配方 24  银的电镀液

原料配比

| 原料 | | 配比/g | | | | |
|---|---|---|---|---|---|---|
| | | 1# | 2# | 3# | 4# | 5# |
| 主盐 | 硝酸银 | 20 | — | — | 80 | — |
| | 氯化银 | — | 40 | 60 | — | — |
| | 甲基磺酸银 | — | — | — | — | 100 |
| 导电盐 | 硫酸钾 | 40 | — | — | — | — |
| | 氯酸钾 | — | 60 | — | — | — |
| | 硫酸铵 | — | — | 80 | — | 120 |
| | 氯化铵 | — | — | — | 100 | — |
| 添加剂 | 乙二胺 | 4 | — | — | — | 7 |
| | 四乙五胺 | — | 5 | — | — | — |
| | 乙二胺四乙酸 | — | — | 5.5 | — | — |
| | 三乙四胺 | — | — | — | 6 | — |
| 光亮剂 | 硫代硫酸钠 | 0.2 | 0.3 | — | — | — |
| | 硫氰酸钾 | — | — | 0.4 | 0.5 | — |
| | 呋喃 | — | — | — | — | 0.7 |
| 缓冲剂 | 硼酸 | 12 | — | — | — | 20 |
| | 柠檬酸 | — | 13 | — | — | — |
| | 酒石酸 | — | — | 15 | — | — |
| | 琥珀酸 | — | — | — | 17 | — |
| 配位剂 | | 40 | 80 | 120 | 160 | 200 |
| 去离子水 | | 加至 1000mL | 加至 1000mL | 加至 1000mL | 加至 1000mL | 加至 1000mL |

**制备方法**  将各组分原料混合均匀即可。

**产品特性**

(1) 本品配方简单，毒性极低，稳定性好，沉积均匀；

(2) 电镀条件温和，易于实现，受电流密度的影响较小；

(3) 电镀的银薄膜耐腐蚀性好；

(4) 镀件无需预镀银或浸银；

(5) 镀层与基体结合强度良好且光亮，满足装饰性电镀和功能性电镀等多领域的应用。

# 6

# 镀合金液

## 配方 1　Au-Ag 合金表面电镀液

原料配比

| 原料 | 配比/(mol/L) | | |
| --- | --- | --- | --- |
| | 1# | 2# | 3# |
| 五羟黄酮 | 0.3～0.5 | 0.5 | 0.3 |
| 乙氧基化双酚 | 0.04 | 0.05 | 0.04 |
| 乙基麦芽酚 | 0.03 | 0.05 | 0.03 |
| 3,6-二硫杂-18-辛二醇 | 0.05 | 0.07 | 0.05 |
| 间苯二酚 | 0.03 | 0.05 | 0.03 |
| 环戊二酮 | 0.04 | 0.06 | 0.04 |
| 硫酸镍 | 0.4 | 0.5 | 0.4 |
| 乳酸 | 0.07 | 0.09 | 0.07 |
| 甲苯磺酸 | 0.02 | 0.03 | 0.02 |
| 水 | 加至1L | 加至1L | 加至1L |

**制备方法**　将各组分原料混合均匀即可。

**产品应用**　电镀方法：将清洗过的金银合金片放入镀液中，控制电镀温度为 $25～35℃$，电流密度为 $40～50A/dm^2$，电压为 $4～6V$，电镀时间为 $10～15min$。

**产品特性**　本品反应平缓，结晶细致，对基体的封闭性好，能显著提高 Au-Ag 合金表面硬度，生成的镀层与基体的结合力较强，延展性好。

## 配方 2　Au-Sn 合金电镀液

原料配比

| 原料 | 配比/g | | |
| --- | --- | --- | --- |
| | 1# | 2# | 3# |
| 含 Au 化合物 | 2 | 3 | 5 |
| 甲基磺酸 | 100 | 110 | 120 |

| 原料 | 配比/g | | |
|---|---|---|---|
| | 1# | 2# | 3# |
| 甲基磺酸亚锡 | 40 | 45 | 50 |
| 配位剂 | 20 | 25 | 30 |
| 稳定剂 | 85 | 90 | 95 |
| 锡防氧化剂 | 2 | 2.5 | 3 |
| 去离子水 | 加至1000mL | 加至1000mL | 加至1000mL |
| 稳定剂 乙醇 | 2.5 | 3 | 4 |
| 稳定剂 亚硫酸钠 | 3 | 4 | 5 |
| 稳定剂 硫酸亚铁 | 0.5 | 1 | 1.5 |
| 稳定剂 去离子水 | 加至1000mL | 加至1000mL | 加至1000mL |

**制备方法** 将各组分原料混合均匀即可。

**原料介绍** 所述含 Au 化合物为 $KAu(CN)_2$、$NaAu(CN)_2$、$HAuCl_4$ 中的一种或至少两种的混合物。

所述配位剂为吡啶化合物、喹啉化合物、水溶性多元氨基羧酸及其盐或醚中的至少一种。

所述吡啶化合物为吡啶、烟酸、吡啶-3-磺酸、氨基吡啶；喹啉化合物为喹啉、喹啉酸、喹啉-3-磺酸、喹啉-2-磺酸、羟基喹啉；水溶性多元氨基羧酸为乙二胺四乙酸、乙二胺三乙酸、乙二胺二乙酸、硝基三乙酸、亚氨基二乙酸。

所述锡防氧化剂为水溶性酚类、水溶性酚羧酸类、抗坏血酸及其盐类或醚类中的至少一种。

所述水溶性酚类为邻苯二酚、间苯二酚、对苯二酚、苯酚；水溶性酚羧酸类为羟基安息香酸、羟基桂皮酸、羟基苯二酸；抗坏血酸及其盐类或醚类为抗坏血酸、抗坏血酸钠、抗坏血酸软脂酸钠、抗坏血酸硬脂酸钠。

**产品特性**

（1）本 Au-Sn 合金电镀液在存放和使用过程中不会产生沉淀，性能稳定，不会损伤镀件基体上的细微抗蚀剂图形。

（2）本 Au-Sn 合金电镀液所用的稳定剂可有效提高镀液的稳定性，有助于工业化推广。

## 配方 3 Au-Sn 合金的电镀液

**原料配比**

| 原料 | | 配比/g | | | | | |
|---|---|---|---|---|---|---|---|
| | | 1# | 2# | 3# | 4# | 5# | 6# |
| 水溶性金盐 | $KAu(CN)_2$ | 10 | — | — | — | — | — |
| 水溶性金盐 | $NaAu(CN)_2$ | — | 8.5 | — | — | — | — |
| 水溶性金盐 | $KAu(CN)_4$ | — | — | 11.5 | — | — | — |
| 水溶性金盐 | $NH_4Au(CN)_2$ | — | — | — | 9.5 | — | 11 |
| 水溶性金盐 | $NaAu(CN)_4$ | — | — | — | — | 10.5 | — |

| 原料 | | 配比/g | | | | | |
|---|---|---|---|---|---|---|---|
| | | 1# | 2# | 3# | 4# | 5# | 6# |
| 水溶性锡盐 | 氯化亚锡 | 10.5 | — | — | — | — | 12 |
| | 甲基磺酸亚锡 | — | 11 | 12.5 | — | — | — |
| | 草酸亚锡 | — | — | — | 11.5 | — | — |
| | 柠檬酸亚锡 | — | — | — | — | 11 | — |
| 锡离子配位剂 | 草酸 | 40 | — | — | — | — | — |
| | 柠檬酸 | — | 120 | — | — | — | — |
| | 抗坏血酸 | — | — | 80 | — | — | — |
| | 丙二酸 | — | — | — | 90 | — | — |
| | 葡萄糖 | — | — | — | — | 70 | — |
| | 亚氨基二乙酸 | — | — | — | — | — | 90 |
| Au-Sn合金稳定剂 | 柠檬酸钠 | 0.2mL | — | — | — | — | — |
| | 磷酸钠 | — | — | 2.5mL | — | — | — |
| | 酒石酸钠 | — | 0.5mL | — | — | — | — |
| | 硼酸钠 | — | — | — | 3.5mL | — | — |
| | 乙二胺 | — | — | — | — | 4.5mL | — |
| | 柠檬酸钾 | — | — | — | — | — | 3.5mL |
| 镀液稳定剂 | 吡啶苯并咪唑 | 5mL | — | — | — | — | — |
| | 6-氨基嘌呤 | — | 2.0mL | — | — | — | — |
| | 苯并噻唑 | — | — | 7.0mL | — | — | — |
| | 鸟嘌呤 | — | — | — | 8.0mL | — | — |
| | 苯并咪唑 | — | — | — | — | 5mL | — |
| | 2,6-二甲基吡啶 | — | — | — | — | — | 3.0mL |
| 光亮剂 | 1-(3-磺丙基)-异喹啉甜菜碱 | 2 | — | — | — | — | — |
| | 3-吡啶基羧甲基磺酸 | — | 0.2 | — | — | — | — |
| | 2,3-二(2-吡啶基)吡嗪 | — | — | 2.5 | — | — | — |
| | 2-(吡啶基)-4-乙烷磺酸 | — | — | — | 0.5 | — | — |
| | 1-(3-磺丙基)-吡啶甜菜碱 | — | — | — | — | 2 | — |
| | 吡啶基羧甲基磺酸 | — | — | — | — | — | 1 |
| 导电剂 | 氨基磺酸 | 1.5 | — | — | 6.5 | — | — |
| | 磺酸 | — | 6 | — | — | — | 1.5 |
| | 盐酸 | — | — | — | — | 8.5 | — |
| | 磷酸 | — | — | 8.5 | — | — | — |
| pH调节剂 | 乙酸 | 1.5 | — | — | — | — | — |
| | 草酸 | — | 0.5 | — | — | — | — |
| | 乳酸 | — | — | 3.5 | — | — | — |
| | 酒石酸 | — | — | — | 2.0 | — | — |
| | 柠檬酸 | — | — | — | — | 1 | — |
| | 磷酸 | — | — | — | — | — | 5 |
| 去离子水 | | 加至1000mL | 加至1000mL | 加至1000mL | 加至1000mL | 加至1000mL | 加至1000mL |

**制备方法**

（1）将水溶性锡盐与锡离子配位剂依次加入去离子水中，得溶液Ⅰ；

（2）向溶液Ⅰ中加入水溶性金盐、Au-Sn合金稳定剂与镀液稳定剂，根据产品需要决定是否加入导电剂与光亮剂，最后加入pH调节剂。

**原料介绍**

所述电镀液的pH值为3.9~4.1。

所述水溶性金盐选KAu(CN)$_2$、NaAu(CN)$_2$、KAu(CN)$_4$、NaAu(CN)$_4$、NH$_4$Au(CN)$_2$与NH$_4$Au(CN)$_4$中的一种或多种；所述水溶性锡盐选甲基磺酸亚锡、氯化亚锡、草酸亚锡与柠檬酸亚锡中的一种或多种。

所述锡离子配合剂选草酸、柠檬酸、抗坏血酸、葡萄糖、丙二酸与亚氨基二乙酸中的一种或多种。

所述Au-Sn合金稳定剂选氨、乙二胺、柠檬酸盐、酒石酸盐、磷酸盐、碳酸盐与硼酸盐中的一种或多种。

所述镀液稳定剂选吡啶苯并咪唑、苯并咪唑、2,6-二甲基吡啶、鸟嘌呤、6-氨基嘌呤、噻唑与苯并噻唑中的一种或多种。

所述pH调节剂选甲酸、乙酸、丙酸、硼酸、磷酸、草酸、乳酸、酒石酸与柠檬酸中的一种或多种。

所述光亮剂选2,3-二(2-吡啶基)吡嗪、吡啶基羧甲基磺酸、3-(3-吡啶基)-丙烯酸、3-(4-咪唑基)-丙烯酸、3-吡啶基羧甲基磺酸、2-(吡啶基)-4-乙烷磺酸、1-(3-磺丙基)-吡啶甜菜碱与1-(3-磺丙基)-异喹啉甜菜碱中的一种或多种。

所述导电剂选钠、钾、铵盐，硫酸，盐酸，磷酸，氨基磺酸，磺酸与氢氧化钠中的一种或多种。

所述Au-Sn合金电镀液的相对密度为10.0~11.0。

**产品应用**　本品是一种稳定性好、合金成分比例可控的Au-Sn合金电镀液。

在Au-Sn合金电镀液中进行换向脉冲或变幅脉冲电镀，电镀液的温度为38~42℃，电流密度为0.5~1.0A/dm$^2$。

**产品特性**　通过添加草酸、柠檬酸、抗坏血酸、葡萄糖、丙二酸与亚氨基二乙酸等锡配位剂减少游离的亚锡离子浓度，从而降低氧化程度。

## 配方4　Co-Ni-P-金刚石镀层的电镀液

**原料配比**

| 原料 | 配比/g | 原料 | 配比/g |
| --- | --- | --- | --- |
| 氨基磺酸钴 | 360 | 金刚石微粉 | 0.5 |
| 氨基磺酸镍 | 60 | 压力缓释剂 | 0.05 |
| 硼酸 | 40 | 增白剂/mol | 5 |
| 氯化钴 | 20 | 水 | 加至1000mL |
| 亚磷酸 | 15 | | |

**制备方法**　将原料按照配方混合搅拌均匀即制得Co-Ni-P-金刚石镀层的电镀液。

**原料介绍**　所述金刚石微粉的粒度为2~5μm。

**产品应用**　本品是一种Co-Ni-P-金刚石镀层的电镀液。

**产品特性**　本品可以得到在使用性能上全面替代硬铬镀层且环保性更好、成本更低的镀层，镀层在300℃的空气中热处理2h，硬度可达1050HV。

## 配方5 Cr-Ni-Fe 合金电镀液

原料配比

| 原料 | 配比/g | | | | | |
|---|---|---|---|---|---|---|
| | 1# | 2# | 3# | 4# | 5# | 6# |
| 硫酸铬钾 | 0.3 | 0.5 | 0.38 | 0.65 | 0.6 | 0.6 |
| 硫酸镍 | 0.08 | 0.16 | 0.1 | 0.14 | 0.12 | 0.125 |
| 硫酸亚铁 | 0.02 | 0.08 | 0.04 | 0.06 | 0.05 | 0.055 |
| 柠檬酸钠 | 0.4 | 0.65 | 0.53 | 0.55 | 0.6 | 0.55 |
| 草酸钠 | 0.3 | 0.5 | 0.4 | 0.35 | 0.45 | 0.4 |
| 尿素 | 1 | 2 | 1.5 | 1.2 | 1.8 | 1.5 |
| 甲酸 | 0.1 | 0.3 | 0.15 | 0.23 | 0.2 | 0.2 |
| 稳定剂 | 0.1 | 0.14 | 0.1 | 0.13 | 0.12 | 0.12 |
| 溴化钾 | 1 | 2 | 1.5 | 1.2 | 1.7 | 1.5 |
| 去离子水 | 加至1000mL | 加至1000mL | 加至1000mL | 加至1000mL | 加至1000mL | 加至1000mL |

**制备方法** 用适量水分别溶解各组分原料并混合均匀,加水调至预定体积。加氨水调节 pH 至 2~3.5。

**产品应用** 电镀步骤:

(1)铜锌板的预处理:预处理包括砂纸打磨及除油。砂纸打磨分两次:第一次用粗砂纸打磨,例如 200 目的砂纸;第二次用细砂纸打磨,例如 W28 金相砂纸。采用化学碱液除油,化学碱液组成为 40~60g/L NaOH、50~70g/L $Na_3PO_4$、20~30g/L $Na_2CO_3$ 和 3.5~10g/L $Na_2SiO_3$。也可以用无水乙醇除油。

(2)以预处理过的铜锌板作为阴极,以石墨作为阳极;电镀前铜锌板需用去离子水冲洗并烘干。

(3)将阳极和阴极置入所述电镀液中通入电流进行电镀。电镀过程中需搅拌,转速为 200~400r/min;所述电流为单脉冲方波电流,脉宽为 1~3ms,占空比为 5%~30%,平均电流密度为 6~10A/$dm^2$;电镀液的 pH 为 2~3.5;电镀液的温度为 30~60℃;电镀的时间为 30~70min;阴极与阳极的面积比为 1:(0.5~3)。待通电 30~70min 后,切断电镀装置的电源,取出铜锌板,用去离子水清洗、烘干。

**产品特性** 本品选柠檬酸盐、草酸盐和尿素为配位剂,因协同效应可更好地与三种金属离子配位;选甲酸作为缓冲剂和配位促进剂;选溴化钾作为导电盐,其中溴离子可以抑制六价铬离子的生成和氯气的析出。电镀液的电流效率高,镀层中 Cr 含量高、镀层厚度大、镀层与基体的结合力强。

## 配方6 Cr-Ni 合金电镀液

原料配比

| 原料 | 配比/g | | | | | |
|---|---|---|---|---|---|---|
| | 1# | 2# | 3# | 4# | 5# | 6# |
| 六水合三氯化铬 | 90 | 120 | 105 | 95 | 110 | 100 |
| 六水合硫酸镍 | 25 | 50 | 38 | 30 | 40 | 35 |
| 溴化铵 | 50 | 70 | 60 | 65 | 68 | 65 |
| 柠檬酸 | 130 | 140 | 135 | 132 | 134 | 134 |
| 草酸 | 35 | 50 | 43 | 40 | 45 | 43 |

| 原料 | 配比/g | | | | | |
|---|---|---|---|---|---|---|
| | 1# | 2# | 3# | 4# | 5# | 6# |
| 乳化剂 OP-10 | 5 | — | — | — | 0.32 | 0.36 |
| 乳化剂 NP-10 | — | 0.5 | — | — | — | — |
| 乳化剂 NP-9 | — | — | 0.4 | — | — | — |
| 乳化剂 OP-9 | — | — | — | 0.35 | — | — |
| DMAC($N,N$-二甲基甲酰胺)和水混合形成的溶剂 | 加至 1000mL | 加至 1000mL | 加至 1000mL | 加至 1000mL | 加至 1000mL | 加至 1000mL |
| DMAC 和水的体积比 | 0.9 | 1.2 | 0.95 | 0.98 | 1.1 | 1.05 |

**制备方法** 向 DMAC 和水的混合溶剂中加入六水合三氯化铬、六水合硫酸镍、溴化铵、柠檬酸、草酸、乳化剂，使其溶解，再加入溶剂定容即可。

**产品应用** 电镀的方法：

(1) 阳极采用碳棒，其直径为 8mm，电镀前用砂纸将其打磨平滑，用去离子水将其冲洗干净，去除表面杂质，烘干。

(2) 待镀工件先用 200 目水砂纸初步打磨后再用 600 目水砂纸打磨至表面露出金属光泽。待镀工件依次经氢氧化钠/碳酸钠热化学碱液除油、无水乙醇除油、去离子水清洗、5％的稀盐酸浸泡活化处理后置入电镀槽，调节电镀液的温度为 30～60℃，pH 为 2～4，转速为 200～500r/min。接通脉冲电源，控制脉冲电流的频率为 100～1000Hz，占空比为 15％～30％，平均电流密度为 10～30A/dm²，电化学沉积 80～250min 后，切断电镀装置的电源，取出待镀工件，用去离子水清洗、烘干。

**产品特性**

(1) 选用 DMAC 和水的混合液为溶剂，DMAC 为质子惰性、既非碱也非酸的物质，可以使析氢过电位上升，阴极析氢量减小，pH 值变化小，施镀电流密度范围增宽，电流效率提高。

(2) 本品的分散能力和深镀能力良好，形成的镀层硬度高，耐磨蚀性强。

## 配方 7  Cu-Zn-Sn 三元合金电镀液

**原料配比**

| 原料 | 配比(质量份) | | |
|---|---|---|---|
| | 1# | 2# | 3# |
| 硫酸铜 | 15 | 20 | 25 |
| 甲基磺酸亚锡 | 10 | 15 | 20 |
| 硫酸锌 | 20 | 30 | 40 |
| 硫酸 | 100 | 110 | 120 |
| 柠檬酸 | 10(体积份) | 15(体积份) | 20 |
| 柠檬酸钾 | 20 | 230 | 35 |
| 亚苄基丙酮 | 20 | 22 | 25 |
| 壬基酚聚氧乙烯醚 | 60 | 65 | 70 |
| 亚甲基二萘磺酸钠 | 15 | 18 | 20 |
| 乙二胺 | 30 | 40 | 50 |
| 氨三乙酸 | 20 | 23 | 25 |
| 去离子水 | 加至 1000 | 加至 1000 | 加至 1000 |

**制备方法**　将各组分原料混合均匀即可。

**产品应用**　本品是一种用于首饰、钟表及工艺品等装饰性物品表面仿 9K、18K 或 24K 金的合金电镀液。

所述 Cu-Zn-Sn 三元合金电镀液的阴极电流密度为 $2\sim4\mathrm{A/dm^2}$。

所述 Cu-Zn-Sn 三元合金电镀液电镀时所需的阳极为不锈钢。

所述 Cu-Zn-Sn 三元合金电镀液的温度为室温。

**产品特性**　本电镀液为无氰镀液，废水、废液容易处理，环境污染小，对身体无危害；配方简单、易于控制、稳定、均镀和覆盖力强、使用寿命长、批次生产稳定性高；使用本电镀液电镀的仿金镀层结晶细致，孔隙率低，无起皮、脱落及剥离现象。

## 配方 8　Ni-P-SiC 复合镀层电镀液

**原料配比**

| 原料 | | 配比/g |
|---|---|---|
| 氨基磺酸镍 | | 460 |
| 氯化镍 | | 8 |
| 磷酸 | | 20 |
| 碳化硅微粉 | | 70 |
| 应力消除剂 | 炔丙基磺酸钠溶液 | 0.002 |
| 分散剂 | 脂肪醇聚氧乙烯醚溶液 | 0.2 |
| 去离子水 | | 加至 1000mL |

**制备方法**　将各组分原料混合均匀即可。

**产品应用**　电镀步骤：

（1）预处理所述铝合金基体，去除所述铝合金基体表面的油脂、氧化膜、硅杂质和黑膜。所述预处理包括如下步骤：

① 除油脱脂：利用碱性除油剂除去所述铝合金基体表面的油污。所述碱性除油剂的溶剂为清水，所述碱性除油剂的成分为碳酸钠、磷酸三钠、硅酸钠、表面活性剂 OP-10、表面活性剂 TX-10、表面活性剂 650、渗透剂、缓蚀剂；所述碳酸钠、磷酸三钠、硅酸钠、表面活性剂 OP-10、表面活性剂 TX-10、表面活性剂 650、渗透剂、缓蚀剂的质量分数分别是 4%～6%、2%～4%、1%～3%、3%～5%、6%～10%、7%～15%、2%～6.5% 和 2.5%～5%；所述除油脱脂的处理温度为 50～60℃，处理时间为 4～5min。

② 碱蚀：通过碱蚀液去除铝合金基体表面的氧化膜，使基体表面金属彻底暴露出来。所述碱蚀液的成分为 $Na_2CO_3$、NaOH、$Na_2SO_4$、$Na_3PO_4$、SDS、甘油，所述 $Na_2CO_3$、NaOH、$Na_2SO_4$、$Na_3PO_4$、SDS、甘油的浓度分别是 80～100g/L、8～10g/L、15～25g/L、15～20g/L、0.4～0.6g/L、5～10g/L；所述碱蚀的处理温度为 55～65℃，处理时间为 8～10min；所述的 SDS 为十二烷基硫酸钠。

③ 除硅杂质：通过除垢液除去铝合金表面硅杂质，使前处理及电镀过程更加彻底。所述除垢液的成分为双氧水、除垢盐和表面活性剂；所述双氧水、除垢盐和表面活性剂的浓度分别是 25～30g/L、50～70g/L 和 1～2g/L；所述除硅杂质的处理温度为 15～25℃，处理时间为 2～3min。

④ 剥黑膜：通过微蚀盐除去金属表面黑膜，除去金属表面杂质。所述微蚀盐组成为硫（10～20g/L）、表面活性剂（1～2g/L）；所述剥黑膜的处理温度为15～25℃，处理时间为2～3min。

（2）通过二次沉锌在所述铝合金基体上设置沉锌层。所述二次沉锌包括第一次沉锌、剥黑膜和第二次沉锌；所述第一次沉锌和第二次沉锌所用的沉锌液组成为硫酸镍（3～4g/L）、硫酸铜（2～3g/L）、氯化铁（1～1.5g/L）、氧化锌（8～10g/L）、氢氧化钠（60～80g/L）、配位剂（25～30g/L）和调整剂（1～2g/L）；所述第一次沉锌和第二次沉锌的处理温度为15～25℃，处理时间为40～60s。

（3）在所述铝合金基体上电镀 Ni-P-SiC 合金，SiC 掺杂在电镀后形成的 Ni 合金内。所述电镀液的 pH 值为3.5，温度为40～60℃，电流密度为5～15A/dm$^2$，电镀液采用超声波搅拌。

（4）将完成电镀的铝合金基体在200℃、氮气氛围下处理1h。

**产品特性**

（1）通过该电镀液及所述电镀方法制备的 Ni-P-SiC 复合镀层脆性更低，不会出现脆裂。

（2）氨基磺酸根离子与 SiC 的化学性质相近，使 SiC 能够在电镀液中充分湿润、分散均匀、无团聚，且在该电镀液中移动阻力适中，得到的 Ni-P-SiC 复合镀层致密、均匀。与传统的 Ni-SiC 镀层相比，其耐磨性能和塑性性能显著提高。

## 配方9　Sn-Zn 合金电镀液

**原料配比**

| 原料 | 配比/g | | |
|---|---|---|---|
| | 1# | 2# | 3# |
| 甲基磺酸亚锡 | 10 | 15 | 20 |
| 硫酸锌 | 20 | 30 | 40 |
| 硫酸 | 100 | 110 | 120 |
| 柠檬酸 | 10mL | 15mL | 20mL |
| 柠檬酸钾 | 20 | 30 | 25 |
| 非离子表面活性剂 | 200 | 220 | 250 |
| 亚苄基丙酮 | 20 | 22 | 25 |
| 壬基酚聚氧乙烯醚 | 60 | 65 | 70 |
| 亚甲基二萘磺酸钠 | 15 | 18 | 20 |
| 苯甲酸 | 30 | 40 | 50 |
| 烟酸 | 20 | 22 | 25 |
| 去离子水 | 加至1000mL | 加至1000mL | 加至1000mL |

**制备方法**　将各组分原料混合均匀即可。

**产品应用**　所述 Sn-Zn 合金电镀液的电流密度为2～4A/dm$^2$。

所述 Sn-Zn 合金电镀液的温度为15～25℃。

所述 Sn-Zn 合金电镀液电镀时所需的阳极为纯度99.9%的锡。

**产品特性**　本品完全能够取代 Ag 电镀液，镀件经 Sn-Zn 合金电镀液电镀处理后，得到结晶细致、装饰性好、光亮的镀层，降低了电镀成本。

## 配方 10 Zn-Ni-Al$_2$O$_3$ 电镀液

**原料配比**

| 原料 | | 配比（质量份） | | | | | | | | | |
|---|---|---|---|---|---|---|---|---|---|---|---|
| | | 1# | 2# | 3# | 4# | 5# | 6# | 7# | 8# | 9# | 10# |
| 硫酸锌 | | 50 | 135 | 125 | 140 | 130 | 150 | 120 | 110 | 120 | 110 |
| 硫酸镍 | | 30 | 60 | 75 | 35 | 40 | 50 | 30 | 40 | 30 | 40 |
| 主配位剂 | 乙内酰脲 | 10 | — | — | — | — | — | — | — | — | — |
| | 5,5-二苯基乙内酰脲 | — | 20 | — | — | — | — | 20 | — | — | — |
| | 1,3-二羟甲基-5,5-二甲基乙内酰脲 | — | — | 30 | 45 | — | — | — | — | — | — |
| | 2-硫代-5,5-二甲基乙内酰脲 | — | — | — | — | 20 | — | — | — | — | — |
| | 1-氨基乙内酰脲 | — | — | — | — | — | 10 | — | — | — | — |
| | 5,5-二甲基乙内酰脲 | — | — | — | — | — | — | — | 30 | — | — |
| | 1,3-二氯-5,5-二甲基乙内酰脲 | — | — | — | — | — | — | — | — | 40 | 20 |
| 辅助配位剂 | 焦磷酸钾 | — | — | — | — | — | — | 10 | — | — | — |
| | 焦磷酸钠 | — | — | — | — | — | — | — | 20 | — | — |
| | 乙二胺 | 5 | — | — | — | — | — | — | — | — | — |
| | 四乙烯五胺 | — | — | — | — | — | — | — | — | 30 | — |
| | 柠檬酸铵 | — | 15 | — | — | — | — | — | — | — | — |
| | 乙酸钠 | — | — | 25 | 30 | — | — | — | — | — | — |
| | 尿素 | — | — | — | — | — | 20 | 30 | — | — | — |
| | 氨基乙酸 | — | — | — | — | — | — | — | — | — | 70 |
| 碳酸钾 | | 20 | 20 | 50 | 45 | 30 | 40 | 30 | 35 | 25 | 65 |
| Al$_2$O$_3$ 纳米颗粒悬浮液 | | 5 | 15 | 10 | 20 | 20 | 10 | 5 | 10 | 20 | 30 |
| 添加剂 | 硫化烷基酚钙 | — | — | — | — | 15 | — | — | — | — | — |
| | 鸟嘌呤 | 2 | — | — | — | — | — | — | — | — | — |
| | 肉桂乙酸 | — | 3 | — | — | — | — | — | — | — | — |
| | 阿拉伯树胶 | — | — | 4 | — | — | — | — | — | — | — |
| | 3-烷基-2-环乙烯 | — | — | — | 5 | — | — | — | — | — | — |
| | 2,3-二氯喹噁啉 | — | — | — | — | 7 | — | — | — | — | — |
| | 胸腺嘧啶 | — | — | — | — | — | 6 | — | — | — | — |
| | 糖精 | — | — | — | — | — | — | 7 | 5 | — | — |
| | 十二烷基酚 | — | — | — | — | — | — | — | 5 | 5 | — |
| | 烷基糖苷 | — | — | — | — | — | — | — | — | 15 | — |
| | 硫脲 | — | — | — | — | — | — | — | — | — | 15 |
| | 二甲基胺硼酸 | — | — | — | — | — | — | — | — | — | 5 |
| 去离子水 | | 加至1000 | 加至1000 | 加至1000 | 加至1000 | 加至1000 | 加至1000 | 加至1000 | 加至1000 | 加至1000 | 加至1000 |

**制备方法**

（1）制备 Al$_2$O$_3$ 纳米颗粒悬浮液：在仲丁醇铝试剂中加入无水乙醇，将试剂充分溶解，进行磁力搅拌，缓慢加入超去离子水（仲丁醇铝试剂与超去离子水的物质的量比为 0.01∶1.24），得到溶液 A；向每升溶液 A 中添加 10～20mL 质量浓度为 30％的硝酸溶液，使 pH 值达到 3～5，此时有白色沉淀产生；在 60℃下继续搅拌，直至所有沉淀溶解，即得到 $Al_2O_3$ 纳米颗粒悬浮液。

（2）制备添加剂溶液：根据电镀液中添加剂的目标浓度，将添加剂原料用超去离子水配制成澄清溶液后定容保存。

（3）配制电镀液：将主配位剂与硫酸锌加水混合，得到一号澄清溶液；将辅助配位剂与硫酸镍加水混合，得到二号澄清溶液；将碳酸钾和 $Al_2O_3$ 纳米颗粒悬浮液分别加入一号和二号溶液中并搅拌，待一号和二号溶液澄清后将两种溶液混合，加入步骤（2）制备的添加剂溶液，混合均匀，得到 $Zn$-$Ni$-$Al_2O_3$ 电镀液。

**产品应用**　电镀步骤：基体先进行除油、酸洗，用去离子水和超去离子水冲洗干净；将基体放入含有 $Zn$-$Ni$-$Al_2O_3$ 电镀液的镀槽中，进行电镀；完成电镀后，取出试样，用超去离子水清洗表面，冷风干燥，得到镀层。电镀过程中电流密度为 1～5A/dm$^2$，镀液温度为 20～60℃，pH 值在 7～11 之间，阴、阳极间距离为 1～30cm，镀液搅拌速度为 0～300r/min，电镀时间为 10～120min。

所述基体采用的是铜片或铁片，阳极为 Pt 片。

**产品特性**　使用一种或者多种添加剂，很大程度上改变了镀液与镀层的性能。电镀过程稳定，镀液不会发生分解、变色现象，也不产生沉淀。添加剂在镀液中起协同作用，不产生掺杂现象。镀层结晶细致、平整且无气孔和裂纹，光亮性有所提高，耐蚀性及耐磨性也大幅度提高，进一步提高了工业化的可行性。

## 配方 11　氨基磺酸盐型的镀镍铁用电镀液

**原料配比**

| 原料 | 配比（质量份） | | | | | | | | |
|---|---|---|---|---|---|---|---|---|---|
| | 1# | 2# | 3# | 4# | 5# | 6# | 7# | 8# | 9# |
| 溴化 N-正戊基吡啶 | 165 | 170 | 175 | 165 | 170 | 175 | 165 | 170 | 175 |
| 氨基磺酸镍 | 55 | 60 | 50 | 60 | 50 | 55 | 50 | 55 | 60 |
| 四氟硼酸铵 | 70 | 73 | 80 | 75 | 75 | 78 | 72 | 76 | 76 |
| 丙酮 | 702 | 686 | 687 | 689 | 698 | 682 | 705 | 690 | 680 |
| 氯化铁 | 5 | 6 | 4 | 6 | 4 | 5 | 4 | 5 | 6 |
| 硼酸 | 3 | 5 | 4 | 5 | 3 | 5 | 4 | 4 | 3 |
| 去离子水 | 加至 1000 | 加至 1000 | 加至 1000 | 加至 1000 | 加至 1000 | 加至 1000 | 加至 1000 | 加至 1000 | 加至 1000 |

**制备方法**　将各组分原料混合均匀即可。

**产品应用**　用本品电镀时，要求溶液 pH3.0～5.0，溶液温度 45～60℃，电流密度 3.0～4.5A/dm$^2$。

**产品特性**

（1）该电镀液沉积速度快、分散能力好，镀层的内应力低。镍铁本身已是很好的磁性材料，磁性等物理特性、磁畴行为等与材料结构关系密切。利用不同的添加剂，采用脉冲或换向电流以及交、直流的叠加等不同的馈电方案，可以有效调节镀层的结构和取向。

（2）本品具有较宽的电化学窗口，在较低温度下即可得到在高温熔盐中才能电沉积得到的金属和合金，但没有高温熔盐那样的强腐蚀性；电沉积可以得到大多数在水溶液中得到的金属，没有副反应，得到的金属质量更好。

## 配方 12　标准导电银丝电镀液

原料配比

| 原料 | 配比（质量份） | | |
|---|---|---|---|
| | 1# | 2# | 3# |
| 氢氧化铝 | 20 | 28 | 36 |
| 三氧化二铝 | 20 | 33 | 46 |
| 硝酸 | 12 | 14 | 16 |
| 硅酸 | 15 | 16.5 | 18 |
| 碳酸镁 | 50 | 57 | 64 |
| 甲基丙烯酸甲酯 | 12 | 14 | 16 |
| 氯化钾 | 7 | 9.5 | 12 |
| 氯化银 | 3 | 7 | 11 |
| 硝酸银 | 2 | 3.5 | 5 |
| 硫酸亚锡 | 30 | 3.5 | 40 |
| 添加剂氧化铋 | 0.5 | 1.25 | 2 |
| 添加剂非离子型表面活性剂 | 0.5 | 1.25 | 2 |
| 稳定剂对苯二酚 | 5 | 6.5 | 8 |
| 光亮剂明胶 | 2 | 3 | 4 |
| 去离子水 | 300 | 400 | 500 |

**制备方法**　将各组分原料混合均匀即可。

**原料介绍**　所述添加剂非离子型表面活性剂为十二醇聚氧乙烯（EO15）醚和OP乳化剂中的任意一种或两种以任意比形成的混合物。

**产品特性**　本品配方简单、环保、稳定性好，电镀工艺易于控制，镀层均匀、致密、与基体的结合强度好，在焊接方面应用广泛。在电镀过程中镀液不会产生气泡，一直保持清澈。

## 配方 13　标准垫片电镀液

原料配比

| 原料 | 配比（质量份） | | |
|---|---|---|---|
| | 1# | 2# | 3# |
| 氯化铝 | 20 | 28 | 36 |
| 硫酸铝 | 20 | 33 | 46 |
| 硫酸钠 | 12 | 14 | 16 |
| 丁二酸 | 15 | 16.5 | 18 |
| 碳酸镁 | 50 | 57 | 64 |
| 甲基丙烯酸甲酯 | 12 | 14 | 16 |
| 丙烷磺酸锡 | 7 | 9.5 | 12 |
| 氯化锌 | 3 | 7 | 11 |
| 氯化铜 | 2 | 3.5 | 5 |
| 硫酸亚锡 | 30 | 3.5 | 40 |
| 添加剂氧化铋 | 0.5 | 1.25 | 2 |
| 添加剂非离子型表面活性剂 | 0.5 | 1.25 | 2 |
| 稳定剂对苯二酚 | 5 | 6.5 | 8 |
| 光亮剂明胶 | 2 | 3 | 4 |
| 去离子水 | 300 | 400 | 500 |

**制备方法** 将各组分原料混合均匀即可。

**原料介绍** 所述添加剂非离子型表面活性剂为十二醇聚氧乙烯（EO15）醚和OP乳化剂中的任意一种或两种以任意比形成的混合物。

**产品特性** 本品配方简单、环保、稳定性好，电镀工艺易于控制，镀层均匀、致密、与基体的结合强度好，在焊接方面应用广泛。在电镀过程中镀液不会产生气泡，一直保持清澈。

## 配方14 标准螺母电镀液

原料配比

| 原料 | 配比（质量份） | | |
|---|---|---|---|
| | 1# | 2# | 3# |
| 氢氧化铝 | 20 | 28 | 36 |
| 三氧化二铝 | 20 | 33 | 46 |
| 氢氧化钠 | 12 | 14 | 16 |
| 硅酸 | 15 | 16.5 | 18 |
| 碳酸镁 | 50 | 57 | 64 |
| 甲基丙烯酸甲酯 | 12 | 14 | 16 |
| 氯化钾 | 7 | 9.5 | 12 |
| 四氧化三铁 | 3 | 7 | 11 |
| 硝酸银 | 2 | 3.5 | 5 |
| 硫酸亚锡 | 30 | 3.5 | 40 |
| 添加剂氧化铋 | 0.5 | 1.25 | 2 |
| 添加剂非离子型表面活性剂 | 0.5 | 1.25 | 2 |
| 稳定剂对苯二酚 | 5 | 6.5 | 8 |
| 光亮剂明胶 | 2 | 3 | 4 |
| 去离子水 | 300 | 400 | 500 |

**制备方法** 将各组分原料混合均匀即可。

**原料介绍** 所述添加剂非离子型表面活性剂为十二醇聚氧乙烯（EO15）醚和OP乳化剂中的任意一种或两种以任意比形成的混合物。

**产品特性** 本品配方简单、环保、稳定性好，电镀工艺易于控制，镀层均匀、致密、与基体的结合强度好，在焊接方面应用广泛。在电镀过程中镀液不会产生气泡，一直保持清澈。

## 配方15 标准螺栓电镀液

原料配比

| 原料 | 配比（质量份） | | |
|---|---|---|---|
| | 1# | 2# | 3# |
| 氯化铝 | 20 | 28 | 36 |
| 三氧化二铝 | 20 | 33 | 46 |
| 氢氧化钠 | 12 | 14 | 16 |
| 硅酸 | 15 | 16.5 | 18 |
| 碳酸镁 | 50 | 57 | 64 |
| 甲基丙烯酸甲酯 | 12 | 14 | 16 |
| 氯化钾 | 7 | 9.5 | 12 |
| 氯化锌 | 3 | 7 | 11 |
| 氯化铜 | 2 | 3.5 | 5 |

| 原料 | 配比(质量份) | | |
|---|---|---|---|
| | 1# | 2# | 3# |
| 硫酸亚锡 | 30 | 3.5 | 40 |
| 添加剂氧化铋 | 0.5 | 1.25 | 2 |
| 添加剂非离子型表面活性剂 | 0.5 | 1.25 | 2 |
| 稳定剂对苯二酚 | 5 | 6.5 | 8 |
| 光亮剂明胶 | 2 | 3 | 4 |
| 去离子水 | 300 | 400 | 500 |

**制备方法** 将各组分原料混合均匀即可。

**原料介绍** 所述添加剂非离子型表面活性剂为十二醇聚氧乙烯（EO15）醚和OP乳化剂中的任意一种或两种以任意比形成的混合物。

**产品特性** 本品配方简单、环保、稳定性好，电镀工艺易于控制，镀层均匀、致密、与基体的结合强度好，在焊接方面应用广泛。在电镀过程中镀液不会产生气泡，一直保持清澈。

## 配方16 标准铝丝电镀液

**原料配比**

| 原料 | 配比(质量份) | | |
|---|---|---|---|
| | 1# | 2# | 3# |
| 氯化铝 | 20 | 28 | 36 |
| 三氧化二铝 | 20 | 33 | 46 |
| 氯化钠 | 12 | 14 | 16 |
| 硼酸 | 15 | 16.5 | 18 |
| 碳酸镁 | 50 | 57 | 64 |
| 甲基丙烯酸甲酯 | 12 | 14 | 16 |
| 碳酸钾 | 7 | 9.5 | 12 |
| 氯化锌 | 3 | 7 | 11 |
| 氯化铜 | 2 | 3.5 | 5 |
| 硫酸亚锡 | 30 | 3.5 | 40 |
| 添加剂氧化铋 | 0.5 | 1.25 | 2 |
| 添加剂非离子型表面活性剂 | 0.5 | 1.25 | 2 |
| 稳定剂对苯二酚 | 5 | 6.5 | 8 |
| 光亮剂明胶 | 2 | 3 | 4 |
| 去离子水 | 300 | 400 | 500 |

**制备方法** 将各组分原料混合均匀即可。

**原料介绍** 所述添加剂非离子型表面活性剂为十二醇聚氧乙烯（EO15）醚和OP乳化剂中的任意一种或两种以任意比形成的混合物。

**产品应用** 本品是一种标准铝丝电镀液。

**产品特性** 本品配方简单、环保、稳定性好，电镀工艺易于控制，镀层均匀、致密、与基体的结合强度好，在焊接方面应用广泛。在电镀过程中镀液不会产生气泡，一直保持清澈。

## 配方 17 标准铜丝电镀液

原料配比

| 原料 | 配比（质量份） | | |
|---|---|---|---|
| | 1# | 2# | 3# |
| 氢氧化铝 | 20 | 28 | 36 |
| 三氧化二铝 | 20 | 33 | 46 |
| 十二烷基硫酸钠 | 12 | 14 | 16 |
| 硅酸 | 15 | 16.5 | 18 |
| 碳酸镁 | 50 | 57 | 64 |
| 甲基丙烯酸甲酯 | 12 | 14 | 16 |
| 氯化钾 | 7 | 9.5 | 12 |
| 四氧化三铁 | 3 | 7 | 11 |
| 硝酸银 | 2 | 3.5 | 5 |
| 丙烷磺酸锡 | 30 | 3.5 | 40 |
| 添加剂氧化铋 | 0.5 | 1.25 | 2 |
| 添加剂非离子型表面活性剂 | 0.5 | 1.25 | 2 |
| 稳定剂对苯二酚 | 5 | 6.5 | 8 |
| 光亮剂明胶 | 2 | 3 | 4 |
| 去离子水 | 300 | 400 | 500 |

**制备方法** 将各组分原料混合均匀即可。

**原料介绍** 所述添加剂非离子型表面活性剂为十二醇聚氧乙烯（EO15）醚和OP乳化剂中的任意一种或两种以任意比形成的混合物。

**产品特性** 本品配方简单、环保、稳定性好，电镀工艺易于控制，镀层均匀、致密、与基体的结合强度好，在焊接方面应用广泛。在电镀过程中镀液不会产生气泡，一直保持清澈。

## 配方 18 不锈钢管用电镀液

原料配比

| 原料 | | 配比（质量份） | | |
|---|---|---|---|---|
| | | 1# | 2# | 3# |
| 氯化二氨钯 | | 2 | 4 | 5 |
| 硫酸铜 | | 0.2 | 0.3 | 0.4 |
| 乙二胺四乙酸二钠 | | 8 | 10 | 12 |
| 二硫代碳酸钾 | | 3 | 5 | 6 |
| 酒石酸 | | 1 | 2 | 3 |
| 柠檬酸 | | 0.5 | 1 | 1.5 |
| 吐温 | 吐温-20 | 2 | — | — |
| | 吐温-60 | — | 3 | — |
| | 吐温-80 | — | — | 4 |
| 水溶性氟硅酸盐 | | 0.5 | 0.8 | 1 |
| 丙三醇 | | 6 | 7 | 8 |
| 硼酸 | | 0.3 | 0.5 | 0.6 |
| 氯化锌 | | 10 | 13 | 15 |
| 水 | | 90 | 95 | 100 |

**制备方法** 将各组分原料混合均匀即可。

**原料介绍** 所述的水溶性氟硅酸盐为氟硅酸钠。

**产品特性** 对电镀液的原料成分进行了特殊的优化改进，配制简单，制得的电镀液与不锈钢管基体间的结合力强，不锈钢管表面镀层不易开裂，且耐磨、耐腐性能强，使用寿命延长了40%左右。

## 配方 19 次磷酸盐体系镀 Ni-P 合金的电镀液

**原料配比**

| 原料 | | 配比/g | | | | | |
|---|---|---|---|---|---|---|---|
| | | 1# | 2# | 3# | 4# | 5# | 6# |
| NiSO$_4$·6H$_2$O | | 200 | 260 | 230 | 220 | 250 | 240 |
| NiCl$_2$·6H$_2$O | | 30 | 70 | 50 | 40 | 60 | 45 |
| 次磷酸钠 | | 30 | 70 | 50 | 45 | 60 | 50 |
| 酒石酸钾钠 | | 30 | 40 | 50 | 50 | 50 | 50 |
| H$_3$PO$_4$ | | 40 | 70 | 55 | 45 | 35 | 40 |
| 柠檬酸钠 | | 25 | 50 | 38 | 30 | 37 | 40 |
| 糖精钠 | | 5 | 10 | 7 | 6 | 7 | 8 |
| 羟基丙烷磺酸吡啶鎓盐 | | 0.3 | 0.5 | 0.4 | 0.35 | 0.38 | 0.45 |
| 阳离子表面活性剂 | 十二烷基硫酸钠 | 0.05 | 0.2 | 0.12 | — | — | — |
| | 十二烷基苯磺酸钠 | — | — | — | 0.10 | 0.12 | 0.15 |
| 去离子水 | | 加至1000mL | 加至1000mL | 加至1000mL | 加至1000mL | 加至1000mL | 加至1000mL |

**制备方法** 用适量去离子水分别溶解各组分原料并混合均匀，加水调至预定体积。加稀盐酸调节 pH 至 1～3。

**产品应用** 电镀步骤：

（1）阴极采用 10mm×10mm×0.2mm 的钛板。钛板先用 200 目水砂纸初步打磨后再用 W28 金相砂纸打磨至表面露出金属光泽，依次经温度为 50～70℃的化学碱液除油、去离子水冲洗、95%乙醇除油、去离子水冲洗。化学碱液的配方为 40～60g/L NaOH、50～70g/L Na$_3$PO$_4$、20～30g/L Na$_2$CO$_3$ 和 3.5～10g/L Na$_2$SiO$_3$。

（2）以直径为 6mm 的碳棒为阳极，电镀前用砂纸将其打磨平滑，用去离子水冲洗并烘干。

（3）将预处理后的阳极和阴极浸入电镀液中，调节水浴温度使得电镀液温度维持在 50～70℃，将机械搅拌转速调为 100～400r/min。接通脉冲电源，脉宽为 1～3ms，占空比为 5%～30%，平均电流密度为 2～5A/dm$^2$。待通电 20～40min 后，切断电镀装置的电源，取出钛板，用去离子水清洗并烘干。

**产品特性** 本品选用酒石酸钠钾为配位剂，有利于镍和磷的共沉积；复合选用羟基丙烷磺酸吡啶鎓盐和糖精盐作为光亮剂，使 Ni-P 合金镀层硬度大、耐磨损性强、耐腐蚀性强。

## 配方 20 低泡型弱酸性氯化物锌镍合金电镀液

**原料配比**

| 原料 | 配比/g | | |
|---|---|---|---|
| | 1# | 2# | 3# |
| 氯化锌 | 90 | 100 | 100 |
| 氯化镍 | 130 | 130 | 140 |

| 原料 | | 配比/g | | |
|---|---|---|---|---|
| | | 1# | 2# | 3# |
| 氯化钾 | | 120 | 130 | 130 |
| 氯化铵 | | 60 | 70 | 70 |
| 主光亮剂 | | 20mL | 20mL | 20mL |
| 载体光亮剂 | | 20mL | 20mL | 20mL |
| 走位剂 | | 10mL | 10mL | 10mL |
| 配位剂 | | 20mL | 20mL | 20mL |
| 去离子水 | | 加至 1000mL | 加至 1000mL | 加至 1000mL |
| 主光亮剂 | 邻氯肉桂酸 | 15 | 20 | 30 |
| | 甲醛 | 10 | 15 | 20 |
| | 无水乙醇 | 加至 1000mL | 加至 1000mL | 加至 1000mL |
| 载体光亮剂 | 聚乙二醇-400 | 15 | 20 | 25 |
| | 聚乙二醇-1000 | 15 | 20 | 25 |
| | 聚乙二醇-4000 | 15 | 20 | 25 |
| | 聚乙二醇-6000 | 15 | 20 | 25 |
| | 去离子水 | 加至 1000mL | 加至 1000mL | 加至 1000L |
| 走位剂 | 2-氨基吡啶 | 30 | 40 | 40 |
| | 1,4-丁二醇 | 40 | 50 | 50 |
| | 去离子水 | 加至 1000mL | 加至 1000mL | 加至 1000mL |
| 配位剂 | 间苯二酚 | 100 | 150 | 200 |
| | 去离子水 | 加至 1000mL | 加至 1000mL | 加至 1000mL |

**制备方法**

(1) 将邻氯肉桂酸、甲醛和无水乙醇加入烧杯中，采用磁力搅拌器搅拌至澄清，然后在 1L 容量瓶中加无水乙醇定容，得到主光亮剂。

(2) 将聚乙二醇-400、聚乙二醇-1000、聚乙二醇-4000、聚乙二醇-6000 和去离子水加入烧杯中，采用磁力搅拌器搅拌至澄清，然后在 1L 容量瓶中加去离子水定容，得到载体光亮剂。

(3) 将 2-氨基吡啶、1,4-丁二醇和去离子水加入烧杯中，采用磁力搅拌器搅拌至澄清，然后在 1L 容量瓶中加入去离子水定容，得到走位剂。

(4) 将间苯二酚和去离子水加入烧杯中，采用磁力搅拌器搅拌至澄清，然后在 1L 容量瓶中定容，得到配位剂。

(5) 在 1L 烧杯中，加入氯化锌、氯化镍、氯化钾和氯化铵，然后加入去离子水至 700mL，采用磁力搅拌器搅拌至澄清，加入步骤（1）得到的主光亮剂、步骤（2）得到的载体光亮剂、步骤（3）得到的走位剂和步骤（4）得到的配合剂，混合均匀，采用氨水或稀盐酸调节溶液 pH 至 5.3～5.8，加入去离子水定容至 1L，得到一种低泡型弱酸性氯化物锌镍合金电镀液。

**产品应用** 电镀液的工作温度为 25～40℃，工作 pH 值 5.3～5.8，电流密度为 1～4A/dm$^2$。

**产品特性** 使用本品时能够进行空气搅拌、连续过滤的操作，不会产生大量气泡，并且能够得到镜面级光亮的镀层，电流范围宽。

## 配方 21　低温相锰铋合金的电镀液

**原料配比**

| 原料 | 配比/(mol/L) | | | |
|---|---|---|---|---|
| | 1# | 2# | 3# | 4# |
| $Bi(NO_3)_3 \cdot 5H_2O$ | 5 | 10 | 4 | 1 |
| EDTA 二钠 | 5 | 10 | 2 | 2 |
| $MnSO_4 \cdot H_2O$ | 1 | 2.5 | 0.5 | 2 |
| $(NH_4)_2SO_4$ | 1 | 1 | 0.5 | 2.5 |
| $HNO_3$ | 0.15 | 0.3 | 0.12 | 0.03 |
| 去离子水 | 加至 1L | 加至 1L | 加至 1L | 加至 1L |

**制备方法**

(1) 将铋盐和 EDTA 二钠在稀硝酸溶液中搅拌 1~4h，得到溶液 a；

(2) 用去离子水溶解锰盐，再加入铵盐得到溶液 b；

(3) 将 a 和 b 溶液混合，定容，调节 pH，得到所述电镀液。

**原料介绍**

所述铋盐为水合硝酸铋、氯化铋或硫酸铋中的至少一种，优选水合硝酸铋。

所述可溶性锰盐为水合硫酸锰、水合氯化锰或水合硝酸锰中的至少一种，优选水合硫酸锰。

所述可溶性铵盐为硫酸铵、氯化铵或硝酸铵中的至少一种，优选硫酸铵。

**产品应用**　电镀步骤：

(1) 电沉积：以铜片为工作电极，Ag/AgCl 为参比电极，Pt 丝电极为对电极，采用上述电镀液进行电沉积，沉积电位为 -1.5~-1.1V，沉积温度为 20~30℃，沉积时间为 300~500s。

(2) 退火：将电沉积后的铜片进行退火，得到低温相锰铋合金。退火条件为：退火本底真空为 $(1~2) \times 10^{-4}$ Pa，退火温度为 370~410℃，退火时间为 2~3h。

**产品特性**　借助 EDTA 二钠的配合作用，缩小了锰和铋的还原电位差，使合金中铋的含量可以控制，同时可以避免高电位沉积锰时水分解产生氢气，有利于共沉积生成锰铋合金。

## 配方 22　电沉积 Cu-W-Co 合金镀层的电镀液

**原料配比**

| 原料 | 配比/g | | |
|---|---|---|---|
| | 1# | 2# | 3# |
| 可溶性铜盐 | 20 | 25 | 30 |
| 可溶性钴盐 | 40 | 45 | 50 |
| 钨酸钾 | 100 | 105 | 110 |
| 添加剂 | 0.5 | 0.6 | 1 |
| 铜配位剂 | 60 | 80 | 100 |
| 钴配位剂 | 50 | 65 | 80 |
| 缓冲剂 | 2 | 30 | 50 |
| 光亮剂 | 2 | 2.3 | 2.5 |
| 润湿剂 | 0.1 | 0.2 | 0.5 |
| 去离子水 | 加至 1000mL | 加至 1000mL | 加至 1000mL |

**制备方法** 将各组分原料混合均匀即可。

**原料介绍**

（1）所述铜配位剂为胺类化合物、聚胺类化合物、羧酸类化合物中的至少一种。

① 所述胺类化合物选自乙醇胺、二乙醇胺、三乙醇胺、乙烯二胺、二乙烯三胺、三乙烯四胺、四乙烯五胺、六甲基二胺及其衍生物。

② 所述的聚胺类化合物选自聚乙烯亚胺、聚丙烯胺、聚丁烯胺。

③ 所述的羧酸类化合物选自柠檬酸、酒石酸、葡萄糖、$\alpha$-羟基丁酸以及它们的钠、钾盐。

（2）所述钴配位剂为胺类化合物的水溶液。

所述的胺类化合物选 $N$-(2-羟乙基)-$N$,$N'$,$N'$-三乙基乙烯二胺、$N$,$N'$-二(2-羟乙基)-$N$,$N'$-二乙基乙烯二胺、$N$,$N$,$N'$,$N'$-四羟乙基乙烯二胺、$N$,$N$,$N'$,$N'$-四羟乙基丙烯二胺、$N$,$N$,$N'$,$N'$-四(2,3-二羟丙基)-乙烯二胺、$N$,$N$,$N'$,$N'$-四(2-羟乙基)-乙烯二胺中的一种。

（3）所述可溶性铜盐为硫酸铜、硫酸铜和氯化铜以任意比例形成的混合物。

（4）所述可溶性钴盐为硫酸钴、硫酸钴和氯化钴以任意比例形成的混合物。

（5）所述光亮剂为丁炔二醇、聚乙二醇、明胶、糖精、糖精钠、葡萄糖、香豆素、硫脲的一种或几种以任意比例形成的混合物。

（6）所述缓冲剂为硼酸、硼酸盐或铵盐、乙酸盐。

（7）所述润湿剂为十二烷基硫酸盐或十二烷基磺酸盐。

（8）所述添加剂为稀土氯化物或稀土硫酸物。

**产品特性** 本电镀液无毒、环保、稳定，无贵重金属，能获得表面硬度较高、耐蚀性、耐磨性、导电性较强以及抗高温氧化的 Cu-W-Co 合金镀层。

## 配方 23 电镀处理用电镀液

**原料配比**

| 原料 | 配比（质量份） | | 原料 | 配比（质量份） | |
|---|---|---|---|---|---|
| | 1# | 2# | | 1# | 2# |
| 三氧化二镍 | 18 | 20 | 氟锑酸 | 3 | 5 |
| 硫酸铁 | 12 | 15 | 二氧化硫脲 | 3 | 5 |
| 硫酸钙 | 8 | 10 | 乙酸钠溶液 | 5 | 8 |
| 硫酸银 | 10 | 12 | 硝酸锆 | 8 | 10 |
| 碳酸钡 | 8 | 10 | 氟化锌 | 8 | 10 |
| 三甲硅基乙炔基苯 | 2 | 3 | 聚二甲基硅氧烷 | 6 | 9 |
| 辛基苯基聚氧乙烯醚 | 2 | 3 | 丙三醇 | 2 | 3 |
| 乙二胺四乙酸二钠 | 3 | 5 | 聚乙烯吡咯烷酮 | 4 | 6 |
| 苯甲酸 | 8 | 10 | 柠檬酸 | 5 | 7 |
| 磷酸钾 | 5 | 8 | 双乙酸钠 | 5 | 8 |
| 氟硼酸钾 | 3 | 5 | 石蜡油 | 10 | 15 |

**制备方法** 将各组分原料混合均匀即可。

**产品特性** 本品具有良好的抗腐蚀性、耐磨性，在使用过程中有效防止铜原子向电解液中扩散，减少浪费，同时沉积速度快，电流密度范围宽，电能消耗低，电镀质量好，提高了金属铜线的使用寿命。

## 配方 24　电镀高铁-低锡合金的电镀液

**原料配比**

| 原料 | 配比/g | | |
|---|---|---|---|
| | 1# | 2# | 3# |
| $FeCl_2 \cdot 4H_2O$ | 60 | 65 | 70 |
| $SnCl_2 \cdot 2H_2O$ | 0.8 | 0.9 | 1 |
| NaCl | 3.2 | 4.1 | 5 |
| $H_3BO_3$ | 2.8 | 3.4 | 4 |
| $MnCl_2$ | 2.8 | 3.9 | 5 |
| 抗坏血酸 | 0.8 | 1.4 | 2 |
| 还原铁粉 | 0.2 | 0.4 | 0.5 |
| 十二烷基硫酸钠 | 0.2 | 0.6 | 1 |
| 酒石酸 | 0.7 | 0.8 | 0.9 |
| 去离子水 | 加至 1000mL | 加至 1000mL | 加至 1000mL |

**制备方法** 将各组分原料混合均匀即可。

**产品应用** 本品是一种氯化物体系电镀高铁-低锡合金（含铁 $75\%\sim85\%$）的电镀液。

电镀高铁-低锡合金的工艺流程：镀件→镀前处理→自来水清洗→去离子水或超去离子水清洗→电镀→镀后处理，步骤如下：

（1）镀前处理：材质为铜或黄铜的镀件通过打磨抛光后，置于有机溶剂如丙酮液中去除油污，用自来水清洗，再放入温度 $30\sim40℃$、浓度为 $4\sim6g/L$ 的盐酸溶液中浸泡 $10\sim20min$ 以除去表面氧化物。对材质为铁及其合金等非铜的镀件，采用传统方法进行光亮镀铜。

（2）电镀：按配方制电镀液，按工艺参数进行电镀。

（3）镀后处理：将已完成电镀的镀件放入 $5\%\sim10\%$ 的 NaOH 溶液中浸泡 $20\sim30min$，用自来水和去离子水或超去离子水洗净，吹风机吹干。

（4）工艺流程中的"自来水清洗"和"去离子水或超去离子水清洗"是为了去除前一处理过程中残留的溶液。

**产品特性** 本品电镀所制得的高铁-低锡合金镀层含铁 $75\%\sim85\%$，对人体无毒且友好，具有银白色光泽，表面光滑平整，具有较强的表面结合力，耐蚀性和耐磨性较好，硬度较高。

## 配方 25 电镀效果好的电镀液

原料配比

| 原料 | 配比(质量份) | | 原料 | 配比(质量份) | |
|---|---|---|---|---|---|
| | 1# | 2# | | 1# | 2# |
| 硫酸镍 | 30 | 35 | 脂肪醇聚氧乙烯醚硫酸钠 | 6 | 8 |
| 碳酸钴 | 25 | 30 | 月桂醇硫酸钠 | 5 | 8 |
| 氧化钴 | 20 | 25 | 丙酸钠 | 10 | 12 |
| 硫酸铜 | 25 | 30 | 冰乙酸 | 8 | 10 |
| 硫酸亚铁铵 | 15 | 20 | 磺基水杨酸 | 6 | 8 |
| 磷酸钾 | 13 | 15 | 乙二胺四乙酸二钠盐 | 7 | 10 |
| 亚磷酸三乙酯 | 13 | 15 | 三乙醇胺 | 5 | 6 |
| 次磷酸 | 6 | 8 | 偏硼酸钠 | 3 | 4 |
| 海藻酸钠 | 5 | 6 | 磷酸氢二钠 | 3 | 6 |
| 酒石酸钾钠 | 8 | 10 | 去离子水 | 30 | 50 |
| 二甲苯磺酸钠 | 6 | 8 | | | |

**制备方法** 将各组分原料混合均匀即可。

**产品特性** 本品具有良好的导电能力,电镀速度快,效果好。

## 配方 26 电子产品和五金件的电镀液

原料配比

| 原料 | 配比/g | | |
|---|---|---|---|
| | 1# | 2# | 3# |
| 锡酸钠 | 50 | 60 | 70 |
| 氢氧化钾 | 15 | 20 | 25 |
| 氰化钠 | 80 | 100 | 120 |
| 氧化铜 | 30 | 40 | 50 |
| 氧化锌 | 1 | 2 | 3 |
| 碳酸钾 | 5 | 7 | 10 |
| 去离子水 | 加至 1000mL | 加至 1000mL | 加至 1000mL |

**制备方法** 将各组分原料混合均匀即可。

**产品应用** 本品是一种用于功能性电子产品和五金件高温烤漆的电镀液。

电镀时,采用循环过滤或机械摇摆方式搅拌电镀液,电镀液温度为 $30\sim50℃$,阴极电流密度为 $1\sim3A/dm^2$,电镀时间为 $15\sim20min$。

**产品特性** 本品形成的镀层可耐 $250℃$ 左右的高温,且 30min 左右仍保持银白色,可替代白铜锡电镀液;镀层硬度高、延展性好、厚度可达 $10\mu m$ 以上。

## 配方 27 镀合金电镀液

原料配比

| 原料 | 配比/g | | |
|---|---|---|---|
| | 1# | 2# | 3# |
| 硫酸镍 | 70 | 85 | 100 |
| 硫酸锌 | 40 | 45 | 50 |
| 硼酸 | 25 | 30 | 35 |

| 原料 | 配比/g | | |
| --- | --- | --- | --- |
| | 1# | 2# | 3# |
| 硫酸镍铵 | 40 | 50 | 60 |
| 双氧水 | 1mL | 1.5mL | 2mL |
| 活性炭 | 1 | 1.5 | 2 |
| 硫氰酸钾 | 25 | 30 | 35 |
| 去离子水 | 加至 1000mL | 加至 1000mL | 加至 1000mL |

**制备方法**

(1) 往配制槽中加入所需体积 2/5～3/5 的去离子水，加热至 40～50℃，加入硫酸镍并搅拌，使其溶解；

(2) 在另外的小容器中，用少量且温度为 40～50℃的去离子水溶解硫酸锌，加入配制槽内；

(3) 在另外的小容器中，用少量且温度为 95～99℃的去离子水溶解硼酸，加入配制槽内；

(4) 在另外的小容器中，用少量且温度为 40～50℃的去离子水溶解硫酸镍铵，加入配制槽内；

(5) 往配制槽中加入双氧水，搅拌后加热至 50℃，保温 1～3h，使双氧水分解；

(6) 往配制槽中加入活性炭，搅拌 15min，静置 6～10h，过滤，转移滤液至电镀槽中；

(7) 在另外的小容器中，用少量常温的去离子水溶解硫氰酸钾，加入电镀槽中；

(8) 补充去离子水至所需体积，搅拌均匀；

(9) 测定电镀槽内溶液的 pH 值，利用氨水或 10%稀硫酸调节 pH 值为 4.5～5.5；

(10) 控制电镀槽内溶液的温度为 30～36℃。

**产品应用**　电镀时，给予该电镀液的电流密度为 $0.1～0.4A/dm^2$。

**产品特性**　本品配制工艺简单，且获得的镀层质量合格，不存在脱皮现象，色泽均匀，不存在局部泛白点的现象，表面光滑，没有粗糙感。

## 配方 28　镀层孔隙率低的钢铁件无氰电镀锡青铜电镀液

**原料配比**

| 原料 | 配比/g | 原料 | 配比/g |
| --- | --- | --- | --- |
| 硫酸铜 | 40 | 琥珀酰亚胺 | 3 |
| 硫酸亚锡 | 5 | 磷酸氢二钠 | 40 |
| 硫代硫酸钠 | 60 | 抗坏血酸 | 12 |
| (R)-联萘酚 | 5 | 酒精 | 适量 |
| 三乙醇胺 | 7 | 去离子水 | 加至 1000mL |

**制备方法**

(1) 根据电镀液体积计算所需各原料的用量；

(2) 将硫代硫酸钠、三乙醇胺、琥珀酰亚胺和磷酸氢二钠溶于去离子水中，在搅拌下将硫酸铜加入，溶解，作为 A 液；

(3) 用 2 倍质量酒精将 (R)-联萘酚充分溶解备用，作为 B 液；

(4) 将硫酸亚锡和抗坏血酸用适量去离子水溶解，作为 C 液；

(5) 将 A 液加入电解槽，加入 B 液和 C 液，补充去离子水至规定体积，搅拌均匀即可。

**产品应用** 电镀步骤：将表面清洁的钢铁件插入钢铁件无氰电镀锡青铜的电镀液中作为阴极，纯铜板作为阳极，对阴极进行电镀，电镀温度为 20～40℃，电流密度为 3～7A/dm²。

**产品特性** 本品能够大大降低镀层的孔隙率，非常适合于耐腐蚀性能要求高的钢铁件的施镀。

## 配方 29 防锈复合电镀液

**原料配比**

| 原料 | 配比(质量份) | 原料 | 配比(质量份) |
|------|------------|------|------------|
| 氨基磺酸镍 | 500 | 膨润土 | 7 |
| 硫酸钴 | 20 | 聚乙二醇 | 2 |
| 氯化镍 | 30 | 碳酸钠 | 0.7 |
| 硼酸 | 30 | 石油磺酸钡 | 3 |
| 十二烷基硫酸钠 | 0.6 | 脂肪醇聚氧乙烯醚 | 0.3 |
| 十一烷基磺酸钠 | 0.3 | 甘氨酸 | 5 |
| 苯乙烯 | 4 | 乙醇 | 适量 |
| 偶氮二异丁腈 | 0.2 | 去离子水 | 适量 |
| 二氧化钛 | 9 | | |

**制备方法**

(1) 将聚乙二醇用 5 倍量的去离子水溶解，然后加入二氧化钛超声分散均匀，将膨润土和碳酸钠混合在 350～400℃下恒温处理 2～3h，自然冷却后加到上述溶液中继续超声 20～25min，过滤，产物用去离子水洗涤至呈中性，再放入鼓风干燥箱中烘干，备用；

(2) 在装有机械搅拌棒、回流冷凝管、氮气保护及温度计的烧瓶中加入一定量的乙醇水溶液，加入十一烷基磺酸钠、苯乙烯和步骤 (1) 制备的产物搅拌 24～28h，加入偶氮二异丁腈加热至 60～65℃反应 2～3h，将反应混合物放入冰水浴中停止聚合，过滤，用乙醇溶液清洗数次，真空干燥 4～5h 后备用；

(3) 将甘氨酸加到去离子水中溶解，再加入氨基磺酸镍、硫酸钴、氯化镍和十二烷基硫酸钠溶解，缓慢加热至 45～60℃，用氨水调节 pH 值至 2～4，得基础镍电镀液备用；

(4) 将步骤 (2) 制备的产物加到步骤 (3) 制备的基础镍电镀液中，再加入剩余各物质超声搅拌 30～40min，机械搅拌 0.5～1h，静置除去粒径 ≥5μm 的颗粒，即可得到复合电镀液。

**产品应用** 电镀工艺参数：电镀时间为 35～45min，电镀液的温度为 45～60℃，电流密度为 2.3～3.4A/dm²。

**产品特性** 本品采用绝缘材料苯乙烯包覆在不溶性固体二氧化钛和膨润土的表面，解决了导电微粒黏附于阴极表面使表面粗糙度增加的难题，阻止了纳米微粒团聚，并且使镀层具有较好的耐蚀性、耐磨性和较低的摩擦系数。将膨润土改性处理，增加了孔隙率，和二氧化钛复合超声，能够提高两者之间的黏结性，发挥出防锈、耐腐蚀等作用。本镀液稳定性好，采用这种方法获得的纳米镀层与基体的结合强度好，硬度高，耐磨性好，特别是有很好的防锈性能。

### 配方30　防锈功能好的脚手架复合电镀液

**原料配比**

| 原料 | 配比（质量份） | | 原料 | 配比（质量份） | |
|---|---|---|---|---|---|
| | 1# | 2# | | 1# | 2# |
| 氨基磺酸镍 | 500 | 520 | 硝酸铈 | 2.2 | 2.5 |
| 硫酸钴 | 20 | 22 | 硝酸钕 | 1.4 | 1.5 |
| 苯胺 | 6.8 | 8 | 苯乙烯 | 4 | 5 |
| 过硫酸铵 | 0.1 | 0.1 | 偶氮二异丁腈 | 0.2 | 0.3 |
| 硼酸 | 50 | 55 | 氮化铝 | 4.6 | 5 |
| 乙酸钠 | 2 | 3 | 浓氨水 | 适量 | 适量 |
| 氯化镍 | 40 | 45 | 去离子水 | 适量 | 适量 |
| 十二烷基硫酸钠 | 0.2 | 0.3 | | | |

**制备方法**

（1）将氨基磺酸镍、去离子水、苯胺和苯乙烯按照比例加到烧瓶中，剧烈搅拌得到透明的无色乳液，然后将硫酸钴、过硫酸铵用去离子水溶解制成2mol/L的溶液，缓慢滴加到烧瓶中，滴加完毕后在室温下反应5～7h，再加入过量的乙酸钠缓慢搅拌7～10min，过滤，产物用去离子水反复清洗后置于真空干燥箱中于60℃下干燥24h。

（2）将硼酸加到60℃的去离子水中，搅拌使其溶解，备用；当温度为50℃时加入硝酸钕、氯化镍和十二烷基硫酸钠，采用磁力搅拌器搅拌均匀，备用；在另一容器中加入硝酸铈和偶氮二异丁腈，搅拌均匀后加入步骤（1）制备的产物及剩余物质，超声搅拌均匀后备用。

（3）将步骤（2）制备的备用产物以800r/min速度搅拌20～30min，在80kHz超声波辅助震荡30min后转移至电解槽中，静置除去粒径≥5μm的颗粒，即可得到电镀液。

**产品应用**　复合电镀液选用的电镀工艺电镀时间为35～45min，电镀液温度为45～60℃，电流密度为2.3～3.4A/dm²。

**产品特性**　本品电镀工艺简单，镀层强度、韧性高，耐蚀性、耐磨性良好，镀层不易脱落，节约成本，寿命长。

### 配方31　防油防水复合电镀液

**原料配比**

| 原料 | 配比（质量份） | 原料 | 配比（质量份） |
|---|---|---|---|
| 氨基磺酸镍 | 500 | 硫脲 | 2 |
| 硫酸钴 | 20 | 玻璃钢粉 | 8.5 |
| 氯化镍 | 30 | 碳酸钙 | 7 |
| 硼酸 | 30 | 柠檬酸 | 3 |
| 十二烷基硫酸钠 | 0.6 | 烟酸 | 0.3 |
| 十一烷基磺酸钠 | 0.3 | 浓硫酸 | 适量 |
| 苯乙烯 | 4 | 乙醇 | 适量 |
| 偶氮二异丁腈 | 0.2 | 去离子水 | 适量 |
| 沥青 | 4 | | |

**制备方法**

(1) 将沥青和 0.3～0.5 倍量的浓硫酸加热搅拌均匀，加入玻璃钢粉和碳酸钙混合搅拌均匀，冷却到室温在氮气保护下于 400～450℃下煅烧 0.5～1h，冷却后粉碎备用；

(2) 在装有机械搅拌棒、回流冷凝管、温度计及氮气保护的烧瓶中加入一定量的乙醇水溶液、十一烷基磺酸钠、苯乙烯和步骤 (1) 制备的产物搅拌 24～28h，加入偶氮二异丁腈加热至 60～65℃反应 2～3h，然后将反应混合物放入冰水浴中停止聚合，过滤，用乙醇溶液清洗数次，真空干燥 4～5h 后备用；

(3) 将柠檬酸加到去离子水中溶解，加入氨基磺酸镍、硫酸钴、氯化镍和十二烷基硫酸钠溶解均匀，缓慢加热至 45～60℃，用氨水调节 pH 值至 2～4，得基础镍镀液备用；

(4) 将步骤 (2) 制备的产物加到步骤 (3) 制备的基础镍电镀液中，再加入剩余各物质超声搅拌 30～40min，机械搅拌 0.5～1h，静置除去粒径≥5μm 的颗粒，即可得到复合电镀液。

**产品应用** 电镀参数：电镀时间为 30～45min，电镀液温度为 50～60℃，电流密度为 2.3～3.4A/dm²。

**产品特性** 本品采用绝缘材料苯乙烯包覆在不溶性固体玻璃钢粉和碳酸钙的表面，解决了导电微粒黏附于阴极表面使表面粗糙度增加的难题，阻止了纳米微粒间团聚，并且使镀层具有较好的耐蚀性、耐磨性和较低的摩擦系数。添加的沥青、玻璃钢粉和碳酸钙相互配合使用能够极大地提高镀层的硬度及耐磨、防油、防水、防腐等方面的性能。本品材料来源广泛，成本低。

### 配方 32　复合电镀液

**原料配比**

| 原料 | 配比(质量份) | | |
|---|---|---|---|
| | 1# | 2# | 3# |
| 氨基磺酸 | 2 | 5 | 6 |
| 分散剂 | 1 | 4 | 6 |
| 碳纳米纤维 | 4 | 7 | 11 |
| 正辛基硫酸钠 | 15 | 19 | 20 |
| 硝酸铜溶液 | 30 | 36 | 40 |
| 硝酸锌溶液 | 15 | 19 | 20 |
| 硫酸镍溶液 | 40 | 46 | 50 |

**制备方法** 将各组分原料混合均匀即可。

**原料介绍** 所述分散剂为聚丙烯酸和/或苯乙烯-甲基丙烯酸共聚物。

**产品特性** 本品在镀件表面可以形成厚度均匀的电镀层，电镀层耐磨性能好，长期使用不起皮，划痕少，不易出现斑点腐蚀，使用寿命长。

## 配方 33  性能稳定的复合电镀液

原料配比

| 原料 | 配比(质量份) | 原料 | 配比(质量份) |
|---|---|---|---|
| 酒石酸钠 | 8 | 硫酸镍溶液 | 45 |
| 硫代乙内酰脲 | 14 | 硝酸锌溶液 | 20 |
| 甲基丙烯酸甲酯 | 10 | 甲基丙烯酸甲酯 | 8 |
| 碳纳米纤维 | 2 | 对苯二酚 | 6 |

**制备方法**  将各组分原料混合均匀即可。

**原料介绍**  所述硫酸镍溶液的浓度为220~300g/L，硝酸锌溶液的浓度为350~380g/L。

**产品特性**  本电镀液组分稳定，制得的电镀层耐热性能好，不易出现斑点腐蚀，使用寿命长。

## 配方 34  改进的高效电镀液

原料配比

| 原料 | 配比(质量份) | | |
|---|---|---|---|
| | 1# | 2# | 3# |
| 硫酸镍 | 9 | 15 | 12 |
| 碳化硅 | 6 | 10 | 8 |
| 二甲基己炔醇 | 3 | 9 | 6 |
| 次磷酸钠 | 8 | 14 | 11 |
| 乳酸 | 6 | 9 | 7 |
| 氧化锌 | 3 | 7 | 5 |
| 碳酸锰 | 2 | 5 | 4 |
| 氯酸钾 | 4 | 10 | 7 |
| 碳酸钠 | 2 | 7 | 5 |
| 硅烷偶联剂 | 1 | 3 | 2 |
| 纳米氧化物 | 4 | 6 | 5 |
| 交联剂 | 1 | 5 | 3 |
| 去离子水 | 加至100 | 加至100 | 加至100 |

**制备方法**  将各组分原料混合均匀即可。

**产品特性**  本品具有很好的电镀效果，能够很好地保护工件，同时不会产生污染。

## 配方 35  钢铁件电镀锡青铜的电镀液

原料配比

| 原料 | 配比/g | | | | |
|---|---|---|---|---|---|
| | 1# | 2# | 3# | 4# | 5# |
| 硫酸铜 | 35 | 34 | 40 | 30 | 45 |
| 硫酸亚锡 | 4 | 3.5 | 4.5 | 3 | 5 |
| 硫代硫酸钠 | 135 | 130 | 140 | 120 | 150 |
| (R)-联萘酚 | 15 | 13 | 17 | 10 | 20 |
| 酒石酸钾钠 | 15 | 13 | 17 | 10 | 20 |
| 缓冲剂 | 40 | 35 | 45 | 30 | 50 |

| 原料 | 配比/g | | | | |
|---|---|---|---|---|---|
| | 1# | 2# | 3# | 4# | 5# |
| 抗氧化剂 | 12 | 11 | 13 | 10 | 15 |
| 去离子水 | 加至1000mL | 加至1000mL | 加至1000mL | 加至1000mL | 加至1000mL |

**制备方法**

(1) 将硫代硫酸钠、酒石酸钾钠和一半量的缓冲剂溶于30～35℃的温水中，在搅拌下加入硫酸铜并溶解。

(2) 将另一半缓冲剂加入，用氢氧化钠或者磷酸调节pH为8～9，作为A液。

(3) 用酒精将(R)-联萘酚充分溶解备用，作为B液。

(4) 在去离子水中加入硫酸亚锡和抗氧化剂，搅拌使其充分溶解，将pH调节为8～9，作为C液。

(5) 将A液加入电解槽中，在0.1～0.2A、25～35℃条件下，以纯铜板为阳极，以废钢板为阴极，电解1～2h；在一边电解一边搅拌下加入B液和C液，使其溶解，继续电解12h后调节pH为8～9即得该电镀液。

**原料介绍**

所述缓冲剂选自磷酸氢二钠、磷酸氢二钾或乙酸钠中的一种或几种。

所述抗氧化剂为抗坏血酸。

**产品应用**　电镀步骤：

(1) 预镀铜处理：将钢铁件插入焦磷酸铜预镀铜槽液中作为阴极，以纯铜板作为阳极，在温度为15～35℃、阴极电流密度为1～4A/dm² 的条件下对阴极进行电镀1～3min。所述焦磷酸铜预镀铜槽液组成：焦磷酸铜2～3g/L、焦磷酸钾250～300g/L、三乙醇胺5～10g/L。

(2) 将预镀铜处理后的钢铁件取出冲洗。

(3) 将步骤(2)冲洗后的钢铁件插入钢铁件无氰电镀锡青铜的电镀液中作为阴极，以纯铜板作为阳极，对阴极进行电镀，电镀温度为30℃，电流密度为3～7A/dm²。

所述预镀铜操作之前先对钢铁件进行除油、清洗，其具体步骤如下：

(1) 采用金属除油粉水溶液在温度60～70℃下浸泡钢铁件10～15min；

(2) 将采用金属除油粉水溶液浸泡后的钢铁件浸入电解除油粉水溶液中，在温度为50～60℃、电流密度为1～4A/dm² 下电解除油3～5min，并用水冲洗；

(3) 将钢铁件浸入8%的盐酸水溶液中酸洗，并用水冲洗；

(4) 将钢铁件浸入5%的硫酸水溶液中活化，并用水冲洗。

**产品特性**

(1) 按照本品提供的电镀方法进行电镀，得到的镀层分布均匀、平整、较厚、光泽度好。

(2) 本品通过在电镀液中添加特定含量的硫代硫酸钠、酒石酸钾钠和(R)-联萘酚，提高了钢铁件无氰电镀锡青铜的电镀液的深镀能力、均镀能力和稳定性，镀层的光泽度以及镀层和钢铁件基体的附着力得到了明显的改善。

（3）该电镀方法中的电流密度较高属于高电区，阴极极化作用明显，有利于镀层致密、镀速升高，且镀层不烧焦。

## 配方 36　钢铁件无氰电镀锡青铜电镀液

**原料配比**

| 原料 | 配比/g | | | |
|---|---|---|---|---|
| | 1# | 2# | 3# | 4# |
| 铜离子（$Cu^{2+}$）（来源于焦磷酸铜） | 13 | 13.5 | 15.5 | 17 |
| 焦磷酸钾 | 245 | 255 | 270 | 280 |
| 锡离子（$Sn^{2+}$）（来源于焦磷酸亚锡） | 1.7 | 1.75 | 2.25 | 2.5 |
| 磷酸氢二钠（钾） | 35 | 38 | 43 | 50 |
| 氢氧化钠 | 6 | 7 | 8.5 | 10 |
| 氨三乙酸 | 32 | 32.5 | 35 | 40 |
| 去离子水 | 加至 1000mL | 加至 1000mL | 加至 1000mL | 加至 1000mL |

**制备方法**

（1）将焦磷酸钾和一半量的磷酸氢二钠（钾）溶于热水中，热水的温度为 30～35℃。

（2）将焦磷酸铜溶于步骤（1）的溶液中。

（3）将氨三乙酸加入适量水中，一边搅拌一边慢慢加入氢氧化钠直至氨三乙酸全部溶解，将溶液加入步骤（2）的混合液中，然后加入另一半量的磷酸氢二钠（钾）。

（4）调节溶液的 pH 值至 8.3～8.8，过滤镀液。

（5）利用步骤（4）所得的镀液，在 0.1～0.2A、25～35℃条件下，以纯铜板为阳极，以废钢板为阴极，电解处理 3～4h；然后在一边电解一边搅拌下加入焦磷酸亚锡使其全部溶解，继续电解 3～4h，即得该电镀液。

在制备该电镀液时，先小电流电解处理数小时，可以有效去除镀液中的杂质，然后在继续电解的情况下一边搅拌镀液一边加入焦磷酸亚锡使其全部溶解，避免四价锡生成，使得电镀效果优良。

**产品应用**　电镀液的工作条件：温度为 25～35℃，阴极电流密度为 0.5～2A/$dm^2$，电镀时间为 80～90min。

**产品特性**　本品利用焦磷酸铜进行预镀铜打底处理，再用本电镀液进行正式电镀，防止钢铁件进入焦磷酸盐体系电镀液中产生铜置换，提高镀层与钢铁基体的结合力，使得锡青铜镀层与钢铁基体黏结强度好，解决了现有技术中镀层与基体结合不牢的问题。采用本电镀液电镀能够达到较高电流，钢铁件的内表面、棱角、凹面孔等部位都能均匀镀上锡青铜，电镀效果优良，镀层厚度可以达到 10～15μm，镀层均匀、致密、外观良好。该电镀液成本低、制备方法简单、应用性广。

## 配方 37　高耐蚀性 γ 晶相的锌镍合金电镀液

原料配比

| 原料 | | | 配比(质量份) | | | | | | | | |
|---|---|---|---|---|---|---|---|---|---|---|---|
| | | | 1# | 2# | 3# | 4# | 5# | 6# | 7# | 8# | 9# |
| 基础液 | ZnO | | 7.5 | 7 | 11 | 9.5 | 10 | 12 | 8 | 7.6 | 8.4 |
| | NaOH | | 90 | 110 | 96 | 105 | 116 | 130 | 118 | 107 | 122 |
| | 去离子水 | | 加至1000 | 加至1000 | 加至1000 | 加至1000 | 加至1000 | 加至1000 | 加至1000 | 加至1000 | 加至1000 |
| 添加剂 | 锌配位剂 | | 72(体积份) | 75(体积份) | 55(体积份) | 40(体积份) | 46(体积份) | 57.5(体积份) | 70(体积份) | 68(体积份) | 60(体积份) |
| | 镍配位剂 | | 50(体积份) | 36(体积份) | 45(体积份) | 38(体积份) | 30(体积份) | 46(体积份) | 48(体积份) | 42(体积份) | 41(体积份) |
| | 镍配位加剂 | | 30(体积份) | 35(体积份) | 25(体积份) | 20(体积份) | 15(体积份) | 29(体积份) | 32(体积份) | 27(体积份) | 24(体积份) |
| | 光亮剂 | | 0.6(体积份) | 0.2(体积份) | 0.9(体积份) | 2(体积份) | 1.9(体积份) | 1.1(体积份) | 1.5(体积份) | 1(体积份) | 1.4(体积份) |
| | 去离子水 | | 加至1000 | 加至1000 | 加至1000 | 加至1000 | 加至1000 | 加至1000 | 加至1000 | 加至1000 | 加至1000 |
| 锌配位剂 | 1,10-邻二氮菲 | | 11 | 8 | 14 | 7 | 10 | 15 | 5 | 9 | 12 |
| | 酒石酸锑钾 | | 4 | 2.7 | 2.25 | 0.8 | 0.5 | 1.2 | 2.8 | 2 | 3.2 |
| | 巯基化合物 | 二甲基巯基乙酸 | 28 | — | — | — | — | — | — | — | — |
| | | 3-巯基丙酸 | — | 23 | — | — | — | — | — | — | — |
| | | 巯基乙酸、半胱氨酸 | — | — | 22 | — | — | — | — | — | — |
| | | 二甲基巯基乙酸、3-巯基丙酸、半胱氨酸 | — | — | — | 30 | — | — | — | — | — |
| | | 二甲基巯基乙酸、巯基乙酸、半胱氨酸 | — | — | — | — | 21 | — | — | — | — |
| | | 二甲基巯基乙酸、3-巯基丙酸 | — | — | — | — | — | 20 | — | — | — |
| | | 3-巯基丙酸、巯基乙酸 | — | — | — | — | — | — | 25 | — | — |
| | | 3-巯基丙酸、巯基乙酸、半胱氨酸 | — | — | — | — | — | — | — | 27 | — |
| | | 二甲基巯基乙酸、3-巯基丙酸、巯基乙酸、半胱氨酸 | — | — | — | — | — | — | — | — | 26 |
| | 水 | | 加至100 | 加至100 | 加至100 | 加至100 | 加至100 | 加至100 | 加至100 | 加至100 | 加至100 |

| 原料 | | | 配比（质量份） | | | | | | | | |
|---|---|---|---|---|---|---|---|---|---|---|---|
| | | | 1# | 2# | 3# | 4# | 5# | 6# | 7# | 8# | 9# |
| 镍配位剂 | | 乌洛托品 | 15 | 12 | 10 | 5 | 7 | 13 | 8 | 9 | 8.5 |
| | 胺类化合物 | 二甲基氨基丙胺 | 29 | — | — | — | — | — | — | — | — |
| | | 二甲基乙醇胺 | — | 36 | — | — | — | — | — | — | — |
| | | 五乙烯六胺、多巴胺 | — | — | 20 | — | — | — | — | — | — |
| | | 多巴胺 | — | — | — | 42 | — | — | — | — | — |
| | | 二甲基乙醇胺、多巴胺 | — | — | — | — | 28 | — | — | — | — |
| | | 二甲基氨基丙胺、多巴胺 | — | — | — | — | — | 40 | — | — | — |
| | | 二甲基氨基丙胺、二甲基乙醇胺、五乙烯六胺 | — | — | — | — | — | — | 35 | — | — |
| | | 二甲基氨基丙胺、五乙烯六胺、多巴胺 | — | — | — | — | — | — | — | 50 | — |
| | | 二甲基乙醇胺、五乙烯六胺、多巴胺 | — | — | — | — | — | — | — | — | 48 |
| | | 苯并三氮唑 | 8 | 6 | 7 | 4 | 4.8 | 5.5 | 6.2 | 7.4 | 6.8 |
| | | 水 | 加至100 | 加至100 | 加至100 | 加至100 | 加至100 | 加至100 | 加至100 | 加至100 | 加至100 |
| 镍补加剂 | | 硫酸镍 | 40 | 36 | 38 | 30 | 32 | 20 | 24 | 28 | 31 |
| | | 三乙醇胺 | 9 | 11 | 10 | 8 | 7 | 5 | 14 | 15 | 12 |
| | | 低分子量聚乙烯亚胺 | 7.5 | 10 | 9 | 8.5 | 6.4 | 5 | 6.8 | 7.2 | 8.4 |
| | | 水 | 加至100 | 加至100 | 加至100 | 加至100 | 加至100 | 加至100 | 加至100 | 加至100 | 加至100 |
| 光亮剂 | | 糖精 | 15 | 18 | 14 | 20 | 10 | 11 | 16 | 12 | 17 |
| | | 2-巯基噻唑啉 | 9 | 8.2 | 6.4 | 4 | 3 | 5 | 7 | 6 | 8 |
| | 磺酸盐 | 烯丙基磺酸钠 | 5 | — | — | — | — | — | — | — | — |
| | | 乙烯基磺酸钠 | — | 4 | — | — | — | — | — | — | — |
| | | 脂肪醇(C14)聚氧乙烯醚磺酸钠 | — | — | 2 | — | — | — | — | — | — |
| | | 脂肪醇(C12)聚氧乙烯醚磺酸钠 | — | — | — | 9 | — | — | — | — | — |
| | | 脂肪醇(C18)聚氧乙烯醚磺酸钠 | — | — | — | — | 8 | — | — | — | — |
| | | 乙烯基磺酸钠、脂肪醇(C13)聚氧乙烯醚磺酸钠 | — | — | — | — | — | 10 | — | — | — |
| | | 烯丙基磺酸钠、乙烯基磺酸钠 | — | — | — | — | — | — | 6.4 | — | — |
| | | 烯丙基磺酸钠、乙烯基磺酸钠、脂肪醇(C16)聚氧乙烯醚磺酸钠 | — | — | — | — | — | — | — | 6 | — |
| | | 烯丙基磺酸钠、脂肪醇(C15)聚氧乙烯醚磺酸钠 | — | — | — | — | — | — | — | — | 7 |
| | | 水 | 加至100 | 加至100 | 加至100 | 加至100 | 加至100 | 加至100 | 加至100 | 加至100 | 加至100 |

**制备方法**

(1) 将氢氧化钠和氧化锌固体加入镀槽中，搅拌均匀，再加入镀液体积 1/4 的去离子水溶解，加水至所需体积，充分搅拌即得电镀用基础液；或者直接将碱性镀锌槽液中的添加剂通过低电流电解的方式消耗掉即可作为锌镍合金电镀用基础液。

(2) 将锌配位剂、镍配位剂、镍补加剂、光亮剂加入上述基础液中，搅拌均匀后即获得锌镍合金电镀用槽液。

**产品应用** 本品是一种高耐蚀性 γ 晶相的锌镍合金电镀液。

所述锌镍合金电镀用电镀液可用于制备镍含量在 10%～15% 之间的 γ 相锌镍合金镀层，其流程：先将金属基材用碱性除油剂清洗，水洗除去基材表面的油污，再用盐酸除油除锈，然后用水冲洗，洗净的基材直接在加有添加剂的基础液中于 10～40℃、电流密度 0.5～5A/dm$^2$ 条件下电镀 20～60min，即可得不同厚度的镀层镍含量在 10%～15% 之间的锌镍合金镀层。当对镀层厚度要求不同时，可根据需要适当缩短或延长电镀时间。

**产品特性** 本品性质稳定，使用周期长，电镀温度范围宽，上镀快，电流效率高可在各种金属基材包括钢铁、镁合金、铝合金等表面形成镍含量在 10%～15% 之间的锌镍合金镀层。该锌镍合金镀层具有极好的防腐蚀性能，并且具有低氢脆、耐磨损、抗热冲击良好等优异性能。并且，可直接实现从碱性镀锌向锌镍合金的转变，可充分利用原有槽液，节省了成本，而防腐性能却有显著提高，是传统镀锌的 7～10 倍。

## 配方 38 高钨含量且无裂纹的钨镍合金电镀液

**原料配比**

| 原料 | | 配比/g | | | | | | | | | |
|---|---|---|---|---|---|---|---|---|---|---|---|
| | | 1# | 2# | 3# | 4# | 5# | 6# | 7# | 8# | 9# | 10# |
| 硫酸镍 | | 10 | 10 | 10 | 10 | 10 | 10 | 30 | 60 | 10 | 10 |
| 钨酸钠 | | 60 | 60 | 60 | 60 | 60 | 60 | 60 | 60 | 20 | 10 |
| 柠檬酸铵 | | 80 | 80 | 80 | 80 | 80 | 80 | 80 | 80 | 80 | 80 |
| 不溶性颗粒 | 微米碳化硅（约为 5μm） | 1 | 5 | — | — | — | 20 | 5 | 5 | 5 | 5 |
| | 微米碳化硅（约为 50μm） | — | — | 1 | — | — | — | — | — | — | — |
| | 纳米氮化硅 | — | — | — | 1 | — | — | — | — | — | — |
| | 三氧化二铝 | — | — | — | — | 1 | — | — | — | — | — |
| 10%硫酸溶液(mL) | | 100 | 100 | 100 | 100 | 100 | 100 | 100 | 100 | 100 | 100 |
| 水 | | 加至 1000mL | 加至 1000mL | 加至 1000mL | 加至 1000mL | 加至 1000mL | 加至 1000mL | 加至 1000mL | 加至 1000mL | 加至 1000mL | 加至 1000mL |

**制备方法**

(1) 称取硫酸镍、钨酸钠、柠檬酸铵，加水至总体积的 4/5，搅拌加热至溶解。

(2) 利用氢氧化钠或氨水调节电镀液的 pH 值为 6～9。

(3) 称取不溶性颗粒，放在 10%$H_2SO_4$ 中浸泡 24 h，最后加入上述电镀液中。

**产品应用** 电镀工艺：

（1）加热上述电镀液至 60～90℃。

（2）把工件放入电镀液中，接通电源，调节工件上的电流密度为 2.5～10A/$dm^2$，电镀几个小时后，取出，即在工件表面镀覆了一层高钨含量且无裂纹的钨镍合金。

**产品特性**

（1）本品获得的钨镍镀层中钨含量高达 30％～63％，且无裂纹，能够完全发挥出高钨合金优异的耐蚀性和耐磨性；

（2）本品没有其他电分解产物累积，维护方便，易于再生，使用成本低；

（3）高钨含量且无裂纹的钨镍合金电镀工艺能够直接取代现有镀镍、镀铬工艺中电镀工位，取代成本低廉，工艺简便。

## 配方 39　钴锰合金电镀液

**原料配比**

| 原料 | | 配比/g | | | |
|---|---|---|---|---|---|
| | | 1# | 2# | 3# | 4# |
| 钴离子源 | 氯化亚钴 | 0.01 | 0.03 | 0.03 | 0.05 |
| 锰离子源 | 氯化亚锰 | 0.59 | 0.45 | 0.5 | 0.7 |
| 螯合剂 | 氯化铵 | 30 | 26 | 28 | 30 |
| 导电盐 | 氯化钾 | 36 | — | 40 | — |
| | 氯化钠 | — | 38 | — | 50 |
| 稳定剂 | N,N-二甲基甲酰胺 | 400 | 290 | 300 | 400 |
| 溶剂 | 去离子水 | 加至 1000mL | 加至 1000mL | 加至 1000mL | 加至 1000mL |

**制备方法**

（1）取部分去离子水，加入螯合剂，溶解完全后，边搅拌边添加钴离子源，搅拌均匀，得到溶液 A；

（2）再取部分去离子水，加入锰离子源，然后依次加入导电盐和稳定剂，搅拌均匀得到溶液 B；

（3）将溶液 A 搅拌 1h 与溶液 B 混合均匀，搅拌 2h，用稀盐酸调节 pH 值，加剩余去离子水定容，得到钴锰电镀液。所述电镀液的 pH 值为 1～4。

**产品应用**　制备钴锰合金镀层的方法包括以下步骤：

（1）镀前处理：包括除油处理和活化处理，具体过程如下。

① 除油处理：将碱性除油剂加热至 80～90℃，将待镀金属件置于加热后的碱性除油剂中浸泡 30min，取出后清洗干净并烘干。所述碱性除油剂组成：磷酸三钠 30～45g/L、碳酸钠 35～50g/L、氢氧化钠 50～60g/L、硅酸钠 4～6g/L、余量为去离子水；

② 活化处理：将步骤①中除油处理后的待镀金属件置于温度为 15～60℃的活化处理液中浸泡 60s，取出后清洗干净。所述活化处理液由不小于 98％的浓硫酸与去离子水按体积比（0.015～0.04）：1 混合均匀而成。

（2）电镀处理：将步骤②中活化处理后的待镀金属件置于盛有钴锰合金电

镀液的镀槽中，以待镀金属件为阴极，以石墨板为阳极，在钴锰合金电镀液温度为 20～25℃、电流密度为 20～200A/dm² 的条件下电镀 5～10min，将电镀后的金属件取出，用去离子水清洗干净后吹干，在金属件表面得到钴锰合金镀层。

**产品特性**

（1）本品配方合理，工艺操作简单、环境友好，得到的钴锰合金镀层均匀、致密、光亮、成分可控。

（2）本品化学性质稳定、不挥发有害气体、所用药品对环境无害。该电镀液配制工艺简单，成本低廉，锰含量高达 20％以上。

（3）本品与金属件基体的黏附性好，适用于沉积在固体氧化物金属连接体表面，经由氧化处理后可转变为钴锰尖晶石涂层。

## 配方 40　钴-锰-磷磁性电镀液

**原料配比**

| 原料 | | 配比（质量份） | | | | | |
|---|---|---|---|---|---|---|---|
| | | 1# | 2# | 3# | 4# | 5# | 6# |
| 硼酸 | | 20 | 80 | 40 | 40 | 40 | 40 |
| 次亚磷酸钠 | | 10 | 80 | 40 | 60 | 40 | 60 |
| 配位剂 | 乙酸钠 | 10 | — | — | — | — | — |
| | 酒石酸 | — | 40 | — | — | — | — |
| | 柠檬酸 | — | — | 40 | — | 40 | — |
| | 乙二胺四乙酸 | — | — | — | 40 | — | 40 |
| 钴盐 | 氯化钴 | 2 | 20 | 10 | — | 10 | — |
| | 硫酸钴 | — | — | — | 10 | — | 10 |
| 锰盐 | 氯化锰 | 2 | 80 | — | — | — | — |
| | 硫酸锰 | — | — | 40 | 40 | 40 | 40 |
| 添加剂 | 苯并三氮唑 | — | — | — | — | 2 | 5 |
| | 氯化亚锡 | — | — | — | — | 15 | 10 |
| 去离子水 | | 加至 1000mL | 加至 1000mL | 加至 1000mL | 加至 1000mL | 加至 1000mL | 加至 1000mL |

**制备方法**

（1）向去离子水中加入硼酸、次亚磷酸钠、配位剂，搅拌溶解制成混合液；

（2）用盐酸或硫酸调节混合液的 pH 为 1.0～3.0；

（3）向上述混合液中加入钴盐、锰盐和添加剂，搅拌溶解，再加入余量的去离子水定容，调节混合液 pH 为 0.5～3.0，得到钴-锰-磷磁性电镀液。

**产品应用**　所述电镀液的 pH 值为 0.5～3.0。所述电镀液的工作温度为 10～50℃。

**产品特性**

（1）该电镀液避免使用稀土元素，降低了成本；不含腐蚀性物质，安全环保；稳定性好，制备工艺简单可控。

（2）使用该钴-锰-磷磁性电镀液得到的镀层色泽美观、磁性能好，能够满足镀层不同厚度的需要。

## 配方 41 光伏背板用耐磨型纳米复合电镀液

**原料配比**

| 原料 | 配比（质量份） | | 原料 | 配比（质量份） | |
|---|---|---|---|---|---|
| | 1# | 2# | | 1# | 2# |
| 氧化钴 | 6 | 7 | 氯化钠 | 5 | 6 |
| 去离子水 | 200 | 250 | 氯化钾 | 5 | 6 |
| 复合活性剂 | 15 | 20 | 焦磷酸钾 | 6 | 7 |
| 磷酸 | 3 | 4 | 硫酸 | 6 | 7 |
| 硫酸钴 | 6 | 7 | 香豆素 | 2 | 3 |
| 氯化镍 | 8 | 9 | | | |

**制备方法**

（1）将氯化镍、氯化钾、氯化钠、磷酸和水混合，搅拌均匀后得到活化液，备用；

（2）将氧化钴、硫酸钴和焦磷酸钾加入球磨机中，球磨 1h，加入复合活性剂继续球磨 3h，然后加入原料中的其余原料，持续球磨 1～1.5h，调节 pH 为 4～5；

（3）将步骤（1）和步骤（2）中的物料合并，搅拌均匀，即可得到成品。

**原料介绍** 所述的复合活性剂由十二烷基硫酸钠与十二醇、月桂酰单乙醇胺按照质量比 5：1：2 复配而成，可改善电镀液起泡、洗涤、表面张力、乳化等性能。

**产品特性** 本品原料配比合理，制备的电镀层硬度高，抗氧化性能强，使用效果明显。

## 配方 42 轨道铜条表面镀镍钨磷合金的电镀液

**原料配比**

| 原料 | | 配比/g | | | | | |
|---|---|---|---|---|---|---|---|
| | | 1# | 2# | 3# | 4# | 5# | 6# |
| 硫酸镍 | | 23.4 | 28.6 | 26.1 | 26.1 | 26.1 | 28.6 |
| 次磷酸钠 | | 25.2 | 30.8 | 28 | 28 | 28 | 30.8 |
| 乳酸 | | 14.24 | 8.25 | 7.5 | 7.5 | 7.5 | 8.25 |
| 苹果酸 | | — | 15.51 | 14.88 | 14.88 | 14.88 | 15.51 |
| 丁二酸 | | 3.6 | 4.4 | 4 | 4 | 4 | 4.4 |
| 配位剂 | | 1.89 | 2.31 | 2.1 | 2.1 | 2.1 | 2.31 |
| 光亮剂 | | 0.54 | 0.66 | 0.6 | 0.6 | 0.6 | 0.66 |
| 镀钨液 | | 27 | 33 | 30 | 30 | 30 | 33 |
| 去离子水 | | 加至 1000mL | 加至 1000mL | 加至 1000mL | 加至 1000mL | 加至 1000mL | 加至 1000mL |
| 光亮剂 | 糖精钠 | 4 | 4 | 4 | 2 | 6 | 4 |
| | 乙氧基化丁炔二醇 | 1.8 | 1.8 | 1.8 | 1.2 | 2.4 | 1.8 |
| | 硫酸铜 | 1.8 | 1.8 | 1.8 | 1.2 | 2.4 | 1.8 |
| | 乳化剂 OP-10 | 0.8 | 0.8 | 0.8 | 0.4 | 1.2 | 0.8 |
| | 十二烷基苯磺酸钠 | 0.8 | 0.8 | 0.8 | 0.4 | 1.2 | 0.8 |
| | 去离子水 | 加至 1000mL | 加至 1000mL | 加至 1000mL | 加至 1000mL | 加至 1000mL | 加至 1000mL |

**制备方法** 将各组分溶于水混合均匀即可。所述镍钨磷电镀液的 pH 值调节为 4.5～5。

**原料介绍** 所述镀钨液为钨酸钠溶液。

所述配位剂为乙酸钠、柠檬酸钠或三乙醇胺中的任意一种。

**产品应用** 电镀步骤：

（1）对待镀铜条依次进行除油、酸洗出光、抛光和活化前处理。所述除油处理：将待镀铜条置于温度为 40～60℃、浓度为 99％的 $H_2SO_4$ 溶液中浸泡 2min；所述酸洗出光处理：将除油后的待镀铜条置于浓度为 30％的硝酸溶液中浸泡 30s；所述抛光处理：采用 25％盐酸、20％硫酸、40％硝酸，在常温下浸泡待镀铜条 30s；所述活化处理：将抛光后的待镀铜条置于浓度 5％的 HCl 中于常温下浸泡 3min。

（2）将前处理后的所述待镀铜条置于所述镍钨磷电镀液中进行镍钨磷超声化学镀，经超声化学镀后的铜条依次进行脱水防变色和烘干处理，获得镀覆镍钨磷合金的铜条。所述超生化学镀的工艺参数：频率为 18～60kHz，功率为 50～500W，工作温度为 85～90℃，装载量为 0.5～2.5dm$^2$/L，膜厚为 15～25μm，洗积速度为 18～22μm/h。所述脱水防变色处理采用的脱水剂按质量份由 10 份的三乙醇胺、10 份的油酸和 80 份的水组成；所述烘干处理的烘干温度为 60～120℃，烘干时间为 10min。

**产品特性** 本品采用超声波化学镀在轨道铜条表面镀覆镍钨磷合金，在进一步提高轨道铜条耐腐蚀性能的同时，也提高了轨道铜条的耐磨性，所获得的镀层与基体的结合力较强；采用超声波化学镀得到的镀层孔隙率降低、厚度均匀、质量更稳定；采用环保型光亮剂降低了电镀对环境的污染。

## 配方 43　含碲的锌镍合金电镀液

**原料配比**

| 原料 | 配比/mL | | | | | | | |
|---|---|---|---|---|---|---|---|---|
| | 1# | 2# | 3# | 4# | 5# | 6# | 7# | 8# |
| 乙二胺 | 10 | 20 | 25 | 30 | 40 | 10 | 10 | 10 |
| 四乙烯五胺 | 10 | 15 | 25 | 30 | 35 | 10 | 10 | 10 |
| 酒石酸钾钠/g | 10 | 15 | 25 | 30 | 40 | 30 | 30 | 30 |
| 烯丙基磺酸钠 | 1 | 2 | 3 | 4 | 5 | 3 | 3 | 3 |
| 二氨基脲聚合物/g | 1 | 1 | 2 | 4 | 5 | 1 | 1 | 1 |
| 碱性镀锌光亮剂/g DPE-11 | 2 | 5 | 6 | 8 | 8 | 8 | 8 | 8 |
| 碱性镀锌光亮剂 MOME | 0.1 | 0.2 | 0.4 | 0.6 | 0.8 | 0.5 | 0.5 | 0.5 |
| 炔丙基磺酸钠 | 0.01 | 0.05 | 0.07 | 0.08 | 0.1 | 0.07 | 0.07 | 0.07 |
| 丙炔醇醚丙烷磺酸盐 | 0.01 | 0.02 | 0.03 | 0.06 | 0.1 | 0.03 | 0.03 | 0.03 |
| 1-丙炔基甘油醚 | 0.01 | 0.03 | 0.05 | 0.05 | 0.08 | 0.03 | 0.03 | 0.03 |
| 硫酸镍/g | 2 | 5 | 6 | 6 | 7 | 6 | 6 | 6 |
| 三乙醇胺 | 10 | 20 | 30 | 40 | 50 | 30 | 30 | 30 |
| 1-苄基吡啶鎓-3-羧酸盐 | 0.1 | 0.3 | 0.4 | 0.5 | 0.5 | 0.3 | 0.3 | 0.3 |
| 丁炔二醇二乙氧基醚 | 0.01 | 0.05 | 0.05 | 0.06 | 0.1 | 0.05 | 0.05 | 0.05 |
| 羟乙基炔丙基醚 | 0.01 | 0.04 | 0.04 | 0.08 | 0.1 | 0.04 | 0.04 | 0.04 |
| 碲酸钠/g | 0.01 | 0.03 | 0.06 | 0.1 | 0.1 | 0.01 | 0.06 | 0.1 |

| 原料 | 配比/mL | | | | | | | |
|---|---|---|---|---|---|---|---|---|
| | 1# | 2# | 3# | 4# | 5# | 6# | 7# | 8# |
| 金属锌/g | 5 | 7 | 8 | 9 | 10 | 9 | 9 | 9 |
| 氢氧化钠/g | 110 | 120 | 125 | 140 | 150 | 120 | 120 | 120 |
| 去离子水 | 加至 1000mL | 加至 1000mL | 加至 1000mL | 加至 1000mL | 加至 1000mL | 加至 1000mL | 加至 1000mL | 加至 1000mL |

**制备方法** 在去离子水中依次加入各组分，搅拌、溶解、混合，即可得到镀液。

**产品应用** 电镀步骤：

(1) 工件前处理：先将工件依次在 60～75℃下化学除油 5～10min，1 道去离子水洗；阴电解除油 1min，阳电解除油 20～30s，3 道去离子水洗；盐酸酸洗，盐酸活化，2 道去离子水洗。

(2) 电镀含碲的锌镍合金：工件经过前处理后用去离子水进行冲洗，然后直接放入含碲的锌镍合金电镀液的镀槽中进行电镀。完成电镀后，从镀槽中取出工件，用去离子水清洗表面三次，烘干，得到含碲的锌镍合金镀层。电镀含碲的锌镍合金时采用恒流电镀的方式，电流密度为 $1～5A/dm^2$，镀液温度为 25℃，阴、阳极间距离为 0.5～25cm，电镀时间为 30～90min。

**产品特性**

(1) 本品稳定性、分散能力、覆盖能力良好。

(2) 本品中加入碲，碲能阻挡或者延缓锌的氧化，从而提高了抗盐雾性能（尤其是耐中性盐雾性能）、防腐性能、提升了其在工业化中应用的可行性。

## 配方 44 锡铜合金电镀液

**原料配比**

| 原料 | 配比/g | | |
|---|---|---|---|
| | 1# | 2# | 3# |
| 硫酸铜 | 60 | 66 | 68 |
| 硫酸锡 | 30 | 40 | 42 |
| 酒石酸锑钾 | 2 | 2 | 2.6 |
| 硫酸铵 | 10 | 13 | 16 |
| 柠檬酸 | 15 | 18 | 24 |
| 氯化钠 | 10 | 12 | 15 |
| 糖精 | 1 | 1.2 | 1.6 |
| 乙酸钠 | 3 | 3.6 | 4.2 |
| 去离子水 | 加至 1000mL | 加至 1000mL | 加至 1000mL |

**制备方法** 将柠檬酸、酒石酸锑钾和硫酸铵溶于去离子水中配成溶液，向所述溶液中加入硫酸铜、硫酸锡和氯化钠，搅拌溶解制成混合液，向所述混合液中加入糖精和乙酸钠至溶解，制得锡-铜合金电镀液。

**产品应用** 以金属基材为阴极，石墨为阳极进行电镀得到合金镀层。电镀的温度为 25～35℃，电流密度为 15～25A/dm²，电镀时间为 10～15min，阴极与阳极的距离为 8～15cm。

**产品特性** 本品稳定性好，电流效率高，电镀制得的镀层没有裂纹，且耐腐蚀性和耐磨性较好。

### 配方 45 锡-铜-铋合金电镀液

原料配比

| 原料 | 配比/g | 原料 | 配比/g |
|---|---|---|---|
| 柠檬酸 | 150 | 甲烷磺酸 | 100 |
| 十二烷基二甲基甜菜碱① | 2mL | 对苯酚磺酸 | 150 |
| 抗坏血酸 | 1.0 | 葡萄糖酸钠 | 150 |
| 硫酸锡 | 20 | 硝基三乙酸 | 20 |
| 对苯酚磺酸锡 | 50 | 二丁基萘磺酸钠 | 2mL |
| 硫酸铜 | 15 | 十二烷基二甲基甜菜碱② | 2mL |
| 硫酸铋 | 10 | 离子水 | 加至1000mL |
| 硫酸 | 80 | | |

**制备方法** 将柠檬酸溶解于 35～50mL 水中配制成柠檬酸水溶液，向此溶液中加入十二烷基二甲基甜菜碱①、抗坏血酸，搅拌直至完全溶解，再依次向以上溶液中加入硫酸锡、对苯酚磺酸锡、硫酸铜、硫酸铋、硫酸、甲烷磺酸、对苯酚磺酸、葡萄糖酸钠、硝基三乙酸、二丁基萘磺酸钠、十二烷基二甲基甜菜碱②、余量水，搅拌混合均匀。

**产品应用** 在室温条件下，采用石墨作阳极，施镀零件作阴极，在电流密度 50～150A/dm² 下进行电镀，即可得到光亮的锡-铜-铋合金镀层。

**产品特性** 本品无铅、低毒、成本低；镀层无晶须，抗裂性和可焊性能优良。

### 配方 46 锡-锌合金电镀液

原料配比

| 原料 | 配比/g | 原料 | 配比/g |
|---|---|---|---|
| 柠檬酸 | 100 | 葡萄糖酸钠 | 120 |
| 对苯酚磺酸锡 | 120 | 十二烷基二甲基甜菜碱 | 8mL |
| 硫酸亚锡 | 40 | 抗坏血酸 | 1.0 |
| 硫酸锌 | 50 | 去离子水 | 加至1000mL |
| 硫酸铵 | 80 | | |

**制备方法** 将柠檬酸溶解于 35～50mL 水中配制成柠檬酸水溶液，向此溶液中加入对苯酚磺酸锡，搅拌直至完全溶解，再依次向以上溶液中加入硫酸亚锡、硫酸锌、硫酸铵、葡萄糖酸钠、十二烷基二甲基甜菜碱、抗坏血酸、余量水。

**产品应用** 所述镀液的沉积条件：以锡-锌合金为阳极，铁板为阴极，在室温下进行，控制阴极电流密度为 0.2～5A/dm²。

**产品特性** 该锡-锌合金电镀液稳定性高、沉积速度快，镀层耐腐蚀性能和力学性能优异。

## 配方 47　锡-铟合金电镀液

**原料配比**

| 原料 | | 配比/g | |
|---|---|---|---|
| | | 1# | 2# |
| 有机酸<br>(有羧酸或磺酸) | 偏锡酸钾($Sn^{4+}$) | 27 | |
| | 偏锡酸钠($Sn^{4+}$) | | 16 |
| | 乙烷磺酸($In^{3+}$) | 13 | |
| 螯合剂 | 丙烷磺酸、丙酸、磺基丁二酸($In^{3+}$) | — | 30 |
| | 烟酸 | 150 | — |
| | 乙二胺四乙酸和喹啉-2-磺酸 | — | 340 |
| 苛性碱<br>(pH 调节剂) | 氢氧化钾 | 100 | — |
| | 氢氧化钠 | — | 180 |
| | 水 | 加至 1000mL | 加至 1000mL |

**制备方法**　将各组分原料混合均匀即可。

**产品应用**　本品是一种锡-铟合金电镀液。

**产品特性**　本产品在储存、运输和使用过程中性能稳定，电镀后形成光滑性和亮度优异的电镀膜，镀层的韧性有明显的改善。

## 配方 48　锌镍、镍钨电镀液

**原料配比**

| 原料 | | 配比(质量份) | | | | |
|---|---|---|---|---|---|---|
| | | 1# | 2# | 3# | 4# | 5# |
| 氢氧化钠 | | 50 | 55 | 65 | 45 | 70 |
| 锌粉 | | 8 | 9 | 10 | 5 | 12 |
| 钨酸钠 | | 5 | 8 | 10 | 3 | 12 |
| 配位剂 | | — | — | — | — | 50 |
| 硫酸镍 | | 15 | 20 | 30 | 10 | 35 |
| 添加剂 A | 浓度比为 1:2 的吡啶丙氧基硫代甜菜碱与丙烯基磺酸钠的混合物 | 0.5 | — | — | — | — |
| | 浓度比为 1:1.5 的吡啶丙氧基硫代甜菜碱与丙烯基磺酸钠的混合物 | — | 0.6 | — | — | — |
| | 浓度比为 1:2.4 的吡啶丙氧基硫代甜菜碱与丙烯基磺酸钠的混合物 | — | — | 1 | — | — |
| | 浓度比为 1:2.1 的吡啶丙氧基硫代甜菜碱与丙烯基磺酸钠的混合物 | — | — | — | 0.1 | — |
| | 浓度比为 1:1.9 的吡啶丙氧基硫代甜菜碱与丙烯基磺酸钠的混合物 | — | — | — | — | 1.5 |
| 添加剂 B | 硒酸钠 | 0.1 | 0.2 | 3.0 | 0.1 | 0.8 |
| 去离子水 | | 加至 1000mL | 加至 1000mL | 加至 1000mL | 加至 1000mL | 加至 1000mL |
| 配位剂 | 柠檬酸钠 | 15 | 20 | 25 | 20 | — |
| | 多聚磷酸 | 10 | 12 | 15 | 15 | — |

**制备方法**

(1) 将氢氧化钠、锌粉和钨酸钠加入部分去离子水中，搅拌至溶解获得第一溶液；

(2) 将配合剂加入部分去离子水中，搅拌至溶解，加入硫酸镍，搅拌至溶解，获得第二溶液；

(3) 将第二溶液与第一溶液混合，搅拌，加入添加剂 A 和添加剂 B，用去离子水定容。

**产品应用** 本品主要用于金属工件的表面处理，特别适用于工件存在摩擦、腐蚀和机械疲劳的使用环境。

电镀步骤：以纯铁板作为阳极，以待镀件作为阴极，将阳极和阴极插入上述锌镍、镍钨电镀液中，先于第一电流密度下电镀，接着转化电流密度为高于第一电流密度的第二电流密度进行电镀，获得锌镍/镍钨双层镀层。于第一电流密度 $0.5 \sim 1.0 A/dm^2$ 条件下电镀 $0.5 \sim 2h$，获得厚度为 $8 \sim 12\mu m$ 的锌镍镀层；于第二电流密度 $7 \sim 10A/dm^2$ 条件下电镀 $0.5 \sim 2h$，获得厚度为 $16 \sim 35\mu m$ 的镍钨镀层，镍钨镀层镀于锌镍镀层的表面。所述电镀液的温度为 $25 \sim 35℃$。

**产品特性** 本品稳定性好，可以一次性获得双层镀层。该双层镀层可以同时防止化学腐蚀、电化学腐蚀及物理磨损。本品制备方法简单，容易实现。该电镀方法通过先在低电流密度下形成较薄的耐电化学腐蚀的锌镍镀层，接着于高电流密度下形成较厚的耐酸、耐磨的镍钨镀层，镍钨镀层能够很好地保护锌镍镀层免受酸性介质的溶解，并且该镍钨镀层和锌镍镀层于同一电镀液中形成，双层镀层之间的结合力强，不存在明显界限，不容易脱落。

## 配方 49　锌镍合金电镀液

**原料配比**

| 原料 | | 配比/g | | | | |
|---|---|---|---|---|---|---|
| | | 1# | 2# | 3# | 4# | 5# |
| 氧化锌 | | 13 | 15 | 17 | 18 | 10 |
| 氢氧化钠 | | 130 | 135 | 125 | 138 | 122 |
| 硫酸镍溶液 | | 17mL | 17mL | 18mL | 19mL | 16mL |
| 光亮剂 M | 聚丙烯胺溶液 | 130mL | 135mL | 120mL | 138mL | 105mL |
| | 聚乙烯亚胺溶液 | 6mL | 5mL | 4mL | 3mL | 8mL |
| 光亮剂 B | 乙二胺和环氧氯丙烷合成产物的溶液 | 6mL | 8mL | 9mL | 10mL | 4mL |
| 水 | | 加至 1000mL | 加至 1000mL | 加至 1000mL | 加至 1000mL | 加至 1000mL |
| 乙二胺和环氧氯丙烷合成物 | 乙二胺 | 60 | 60 | 60 | 60 | 60 |
| | 环氧氯丙烷 | 92 | 92 | 92 | 92 | 92 |

**制备方法**

（1）配制硫酸镍溶液：将硫酸镍加入水中，升温至 80℃，充分搅拌溶解；配制聚丙烯胺溶液：将聚丙烯胺加入水中，充分搅拌后溶解；配制聚乙烯亚胺溶液：将聚乙烯亚胺加入水中，充分搅拌后溶解；配制乙二胺与环氧氯丙烷合成产物的溶液：将乙二胺与环氧氯丙烷合成产物加入水中，充分搅拌后溶解。

（2）将氧化锌和氢氧化钠溶解于水中，配制成溶液。

（3）在步骤（2）的溶液中依次加入步骤（1）配制的硫酸镍溶液、聚丙烯胺溶液、聚乙烯亚胺溶液、乙二胺与环氧氯丙烷合成产物溶液。

（4）添加剩余的水。

**原料介绍**

所述光亮剂 M 为聚乙烯亚胺、聚丙烯胺中的一种或者两种组合。

所述光亮剂 B 为由乙二胺与环氧氯丙烷[物质的量比为(1~3)∶1]的合成产物配制成的溶液。

所述乙二胺与环氧氯丙烷的合成产物的制备方法如下：

（1）将乙二胺放入反应容器中，搅拌并加热，使温度升高至 50~70℃；

（2）向乙二胺中滴加环氧氯丙烷，维持反应温度为 80~90℃；

（3）对步骤（2）中的反应溶液进行保温，保温温度为 100~120℃，保温时间为 10~20min，最后冷却至常温，得到胺类化合物与环氧氯丙烷的合成产物。

硫酸镍溶液中镍离子浓度为 62g/L。

聚丙烯胺溶液浓度为 30g/L。

聚乙烯亚胺溶液浓度为 10g/L。

乙二胺与环氧氯丙烷的合成产物溶液浓度为 500g/L。

**产品特性** 添加光亮剂 B 可使得镀层结晶细致、光亮、分布均匀、耐磨性好、硬度高且镀层在二次扣压过程中也不易脱落。本品制备工艺简单，易操作，成本低，适于大规模生产运用。

## 配方 50　锌镍磷电镀液

**原料配比**

<table>
<tr><td rowspan="2">原料</td><td colspan="5">配比/g</td></tr>
<tr><td>1#</td><td>2#</td><td>3#</td><td>4#</td><td>5#</td></tr>
<tr><td>氢氧化钾</td><td>25</td><td>30</td><td>35</td><td>20</td><td>40</td></tr>
<tr><td>硫酸锌</td><td>45</td><td>50</td><td>55</td><td>40</td><td>60</td></tr>
<tr><td>配位剂</td><td>20</td><td>25</td><td>30</td><td>20</td><td>40</td></tr>
<tr><td>氨基磺酸镍</td><td>24</td><td>26</td><td>28</td><td>20</td><td>30</td></tr>
<tr><td>亚磷酸钠</td><td>6</td><td>7</td><td>8</td><td>4</td><td>10</td></tr>
<tr><td>添加剂</td><td>0.15</td><td>0.2</td><td>0.25</td><td>0.1</td><td>0.3</td></tr>
<tr><td>去离子水</td><td>加至 1000mL</td><td>加至 1000mL</td><td>加至 1000mL</td><td>加至 1000mL</td><td>加至 1000mL</td></tr>
<tr><td rowspan="2">添加剂</td><td>乙醇酸钠</td><td>5</td><td>5</td><td>5</td><td>5</td><td>5</td></tr>
<tr><td>对甲苯磺酰胺</td><td>1</td><td>1</td><td>1</td><td>1</td><td>1</td></tr>
<tr><td rowspan="2">配位剂</td><td>柠檬酸铵</td><td>6</td><td>6</td><td>6</td><td>6</td><td>6</td></tr>
<tr><td>乳酸</td><td>1</td><td>1</td><td>1</td><td>1</td><td>1</td></tr>
</table>

**制备方法**

(1) 在第一容器中加入去离子水，加入氢氧化钾和硫酸锌，搅拌至溶解，获得第一溶液；

(2) 在第二容器中加入去离子水，加入配位剂搅拌至溶解，加入氨基磺酸镍、亚磷酸钠搅拌至溶解，获得第二溶液；

(3) 将第二溶液加入第一容器中，边加入边搅拌，全部加入后，再加入添加剂，用去离子水定容。

**产品应用** 电镀步骤：

(1) 将所述电镀液加热到 25~30℃；

(2) 用 316 不锈钢作为阳极，待镀工件作为阴极，在电流密度为 $1.5\sim3A/dm^2$ 的条件下进行电镀作业。电镀液温度为 28~30℃，电镀时间为 1h。

**产品特性**

(1) 本品形成的镀层具有较高的硬度，可起到防腐、防磨的双重效果。

(2) 本品中氨基磺酸镍、亚磷酸钠和硫酸锌共同作为主盐，在阴极上沉积出锌镍磷电镀层。电镀液中各个组分相互配合、相互协同作用，稳定性好，形成的镀层硬度高、耐磨性能强、防腐性能好，基本不受腐蚀。锌镍磷电镀层硬度达到 418~510HV，中性盐雾试验 480h 无锈点，孔隙率检测达到 10 级。

## 配方 51 新型电镀液

**原料配比**

| 原料 | 配比/g | 原料 | 配比/g |
|---|---|---|---|
| 氯化二氨钯 | 15 | 苯亚甲基丙酮 | 30 |
| 焦磷酸铜 | 0.8 | 硼酸 | 10 |
| 焦磷酸钾 | 120 | 去离子水 | 加至 1000mL |
| 三乙醇胺 | 50 | | |

**制备方法** 将各组分原料混合均匀即可。

**产品特性** 本品易于维护，常温环境工作，节能降耗。镀层与金属基材有较强的结合力且后期镀层无裂纹产生，耐磨性和耐蚀性好。

## 配方 52 性能优越的电镀液

**原料配比**

| 原料 | 配比（质量份） | | 原料 | 配比（质量份） | |
|---|---|---|---|---|---|
| | 1# | 2# | | 1# | 2# |
| 三氧化二锑 | 20 | 25 | 磷酸氢二钾 | 6 | 8 |
| 硫酸亚铁 | 150 | 200 | 酒石酸钾 | 8 | 10 |
| 硫酸铜 | 100 | 120 | 柠檬酸钾 | 5 | 8 |
| 硫酸镍 | 130 | 150 | 椰油酰胺丙基甜菜碱 | 8 | 10 |
| 氯化亚锡 | 100 | 120 | | | |
| 硫酸铝 | 30 | 50 | 十二烷基硫酸钠 | 6 | 8 |
| 碳酸锌 | 30 | 40 | 异丙托溴铵 | 3 | 5 |
| 柠檬酸铵 | 8 | 10 | 去离子水 | 100 | 150 |

**制备方法** 将各组分原料混合均匀即可。

**产品特性** 本品性能优越，可减少污染，为理想电镀液，可维持镀层金属浓度，得到的镀层亮度高，耐腐蚀性强，可以满足苛刻环境的使用要求。

## 配方 53 亚磷酸体系镀 Ni-P 合金的电镀液

原料配比

| 原料 | 配比/g | | | | | |
|---|---|---|---|---|---|---|
| | 1# | 2# | 3# | 4# | 5# | 6# |
| $NiSO_4 \cdot 6H_2O$ | 200 | 260 | 230 | 220 | 250 | 240 |
| $NiCl_2 \cdot 6H_2O$ | 30 | 70 | 50 | 40 | 60 | 45 |
| $H_3PO_3$ | 20 | 50 | 30 | 25 | 40 | 35 |
| $H_3BO_3$ | 30 | 50 | 40 | 35 | 45 | 40 |
| NaF | 25 | 45 | 30 | 30 | 40 | 35 |
| 柠檬酸钠 | 25 | 50 | 38 | 30 | 37 | 40 |
| 糖精钠 | 5 | 10 | 7 | 6 | 7 | 8 |
| 羟乙基炔丙基醚 | 0.5 | 0.7 | 0.6 | 0.55 | 0.58 | 0.6 |
| 十二烷基硫酸钠 | 0.05 | 0.2 | 0.12 | — | — | — |
| 十二烷基苯磺酸钠 | — | — | — | 0.10 | 0.12 | 0.16 |
| 去离子水 | 加至1000mL | 加至1000mL | 加至1000mL | 加至1000mL | 加至1000mL | 加至1000mL |

**制备方法** 用适量去离子水分别溶解各组分原料并混合均匀，加水调至预定体积。加稀盐酸调节 pH 至 0.5~2。

**产品应用** 本品是一种亚磷酸体系镀 Ni-P 合金的电镀液。电镀步骤：

（1）阴极采用10mm×10mm×0.2mm 规格的紫铜板。将紫铜板先用200目水砂纸初步打磨，再用 W28 金相砂纸打磨至表面露出金属光泽，依次经50~70℃的化学碱液除油、去离子水冲洗、95%乙醇除油、去离子水冲洗。化学碱液的配方为40~60g/L NaOH、50~70g/L $Na_3PO_4$、20~30g/L $Na_2CO_3$ 和 3.5~10g/L $Na_2SiO_3$。

（2）以 10mm×10mm×0.2mm 规格的纯镍板为阳极，用砂纸打磨平滑、去离子水冲洗并烘干。

（3）将预处理后的阳极和阴极浸入电镀液中，调节水浴温度使得电镀液温度维持在 50~70℃，将机械搅拌转速调为 100~400r/min，接通脉冲电源，控制脉冲电流的脉宽为 1~3ms，占空比为 5%~30%，平均电流密度为 2~5A/dm²。待通电20~40min 后，切断电源，取出紫铜板，用去离子水清洗、烘干。

**产品特性** 本产品选用柠檬酸盐为配位剂，有利于镍和磷的共沉积，较好地控制镀层中镍与磷的含量；复合选用羟乙基炔丙基醚和糖精盐作为光亮剂，使 Ni-P 合金镀层的硬度大、耐磨损性强、耐腐蚀性高。

## 配方 54 亚硫酸盐电镀液

原料配比

| 原料 | 配比/g | | |
|---|---|---|---|
| | 1# | 2# | 3# |
| 亚硫酸铜 | 150 | 134 | 140 |
| 硫酸亚镍 | 40 | 65 | 45 |
| 磷酸氢二钾 | 20 | 8 | 15 |

| 原料 | 配比/g | | |
|---|---|---|---|
| | 1# | 2# | 3# |
| 酒石酸钾钠 | 10 | 19 | 14 |
| 十二醇硫酸钠 | 10 | 5 | 8 |
| 氯化铵 | 20 | 55 | 40 |
| 硅酸钠 | 15 | 14 | 10 |
| 稳定剂 | 2 | 3 | 2 |
| 光亮剂 | 8 | 4 | 7 |
| 水 | 加至 1000mL | 加至 1000mL | 加至 1000mL |

**制备方法**

(1) 将各组分加水溶解制成混合液；

(2) 调节混合液 pH 值至 6.1～6.8。

**原料介绍**  所述稳定剂为柠檬酸钠、葡萄糖酸钙中一种或多种。

所述光亮剂为蛋白质、亚苄基丙酮、苯甲酸钠（质量比为 1∶1∶1）的组合物。

**产品特性**  本品分散能力好、原料易得、成本低、安全环保，镀层色泽美观亮丽、耐刮、耐腐蚀性好、孔隙率低、光亮度高。

## 配方 55  钇-镍合金电镀液

**原料配比**

| 原料 | 配比/g | | |
|---|---|---|---|
| | 1# | 2# | 3# |
| 硫酸镍 | 80 | 86 | 88 |
| 亚磷酸钠 | 35 | 42 | 46 |
| 氧化钇 | 0.05 | 0.05 | 0.06 |
| 硼酸 | 12 | 12 | 13 |
| 柠檬酸 | 12 | 16 | 18 |
| 氨基磺酸钾 | 3 | 5 | 6 |
| 乙二胺四乙酸 | 0.2 | 0.5 | 1.2 |
| 去离子水 | 加至 1000mL | 加至 1000mL | 加至 1000mL |

**制备方法**

(1) 向去离子水中加入柠檬酸、硼酸、乙二胺四乙酸、硫酸镍和亚磷酸钠，搅拌溶解制成混合液；

(2) 向该混合液中加入氧化钇和氨基磺酸钾，搅拌溶解，再加入余量的去离子水至总体积为 1L，得到钇-镍合金电镀液。氧化钇先酸化处理，再加入混合液中。

所述钇-镍合金电镀液的 pH 值为 5～6。

**产品特性**  本品在使用和储存过程中稳定性好，得到的镀层无裂纹，与基材结合力强。

## 配方 56  钇-镍-铁合金电镀液

**原料配比**

| 原料 | 配比/g | | |
|---|---|---|---|
| | 1# | 2# | 3# |
| 柠檬酸钠 | 10 | 12 | 14 |
| 抗坏血酸 | 2 | 3 | 3.5 |
| 氧化钇 | 0.05 | 0.05 | 0.08 |

| 原料 | 配比/g | | |
|---|---|---|---|
| | 1# | 2# | 3# |
| 乳酸 | 20 | 22 | 23 |
| 硫酸亚铁 | 60 | 70 | 75 |
| 氯化钠 | 15 | 16 | 16 |
| 羟基乙酸钠 | 5 | 8 | 8 |
| 硫酸镍 | 120 | 130 | 125 |
| 苯亚磺酸钠 | 0.1 | 0.2 | 0.2 |
| 二甲基己炔醇 | 1 | 1 | 1.5 |
| 去离子水 | 加至 1000mL | 加至 1000mL | 加至 1000mL |

**制备方法** 将柠檬酸钠、抗坏血酸、氧化钇溶于去离子水中配成溶液，向该溶液中加入乳酸、硫酸亚铁、氯化钠、羟基乙酸钠、硫酸镍并搅拌溶解制成混合液，向混合液中加入苯亚磺酸钠和二甲基己炔醇溶解，再加入余量的去离子水至总体积为 1L，得到钇-镍-铁合金电镀液。

所述的钇-镍-铁合金电镀液用氨水调节 pH 至 5～6。

**产品应用** 电镀步骤：用碳电极作阳极，工件作阴极，进行电镀，得到光亮的镍-铁-钇合金镀层。电镀过程在温度 60～70℃、电流密度 60～80A/dm$^2$ 下进行。阴极与阳极的面积比为 (1/2～2)∶1。

**产品特性** 本品中添加有稀土金属钇，使得电镀液稳定性好、电镀效率高、成本低、安全环保；电镀得到的镀层色泽美观、平整度好、致密性和柔韧性优良。

# 配方 57 用于合金的表面电镀液

**原料配比**

| 原料 | | 配比/g | | | | |
|---|---|---|---|---|---|---|
| | | 1# | 2# | 3# | 4# | 5# |
| 可溶性钯盐 | 氯化钯 | 5 | — | — | — | — |
| | 硫酸钯 | — | 8 | — | — | — |
| | 乙酰丙酮钯 | — | — | 10 | — | — |
| | 二氯四氨合钯 | — | — | — | 12 | — |
| | 二氯化二氨合钯 | — | — | — | — | 15 |
| 可溶性铂盐 | 氯铂酸钾 | 3 | — | — | — | — |
| | 氯铂酸钠 | — | 5 | — | — | — |
| | 氯铂酸 | — | — | 7 | — | — |
| | 氯化铂 | — | — | — | 9 | — |
| | 二亚硝基二氨铂 | — | — | — | — | 10 |
| 配位剂 | 二甲基硫脲 | 10 | — | — | — | — |
| | 二硫代乙二醇 | — | 12 | — | — | — |
| | 胍基乙酸 | — | — | 14 | — | — |
| | 巯基壳聚糖 | — | — | — | 18 | — |
| | 三乙醇胺 | — | — | — | — | 20 |
| 导电盐 | 硫酸铝钾 | 30 | — | — | — | — |
| | 氯化镁 | — | 35 | — | — | — |
| | 硫酸镁 | — | — | 40 | — | — |
| | 硫酸铝 | — | — | — | 45 | — |
| | 硫代硫酸钠 | — | — | — | — | 50 |

| 原料 | | 配比/g | | | | |
|---|---|---|---|---|---|---|
| | | 1# | 2# | 3# | 4# | 5# |
| 缓冲剂 | 枸橼酸盐 | 10 | — | — | — | — |
| | 氨丁三醇 | — | 15 | — | — | — |
| | 2-氨基-2-甲基-1-丙醇 | — | — | 15 | — | — |
| | 2-(丁基氨基)乙醇 | — | — | — | 25 | — |
| | N-甲基乙醇胺 | — | — | — | — | 30 |
| 光亮剂 | | 1 | 2 | 3 | 4 | 5 |
| 稳定剂 | 亚磷酸三癸酯 | 20 | — | — | — | — |
| | 亚磷酸三辛酯 | — | 25 | 30 | — | — |
| | 亚硫基二乙酸 | — | — | — | 35 | — |
| | 二硫代甘醇酸 | — | — | — | — | 40 |
| 抗针孔剂 | 十二烷基硫酸钠 | 2 | 2.5 | 3 | 3.5 | 4 |
| 去离子水 | | 加至1000mL | 加至1000mL | 加至1000mL | 加至1000mL | 加至1000mL |
| 光亮剂 | 酒石酸锑钾 | 20 | 22 | 24 | 28 | 30 |
| | 脂肪胺 | 1 | 1.5 | 2 | 2.5 | 3 |
| | 萘基磺酸钠 | 2 | 2.2 | 2.4 | 2.8 | 3 |
| | 聚乙二醇 | 1 | 1.5 | 2 | 2.5 | 3 |
| | 去离子水 | 30 | 35 | 40 | 45 | 50 |

**制备方法** 将可溶性钯盐、可溶性铂盐和导电盐溶解在去离子水中，加入缓冲剂，调节 pH 值为 8~12，加入配位剂、光亮剂、稳定剂和抗针孔剂，搅拌均匀后超声分散，即得电镀液。

**产品应用** 该电镀工艺包括以下步骤：

(1) 电镀液的制备。

(2) 镀前处理。

① 除油：将待镀合金件置于 40~80℃ 的除油剂中浸泡 10~30min，取出待镀合金件用去离子水清洗干净，在 60~80℃ 的烘箱中烘干。除油是表面处理的重要工序之一，油污会使镀层的附着力降低，还影响镀层的其他性能，必须清洗干净；除油剂组成：20~40g/L 氢氧化钠、10~30g/L 碳酸钠去离子水。

② 打磨：用 80~2000 目的金相砂纸对步骤①所得的待镀合金件的表面进行打磨。打磨是表面改性技术的一种，打磨是为了使待镀合金件获得特定表面粗糙度。

③ 抛光：将步骤②所得的待镀合金件置于 30~50℃ 的抛光液中浸泡 0.5~1min，取出待镀合金件用去离子水清洗干净，在 60~80℃ 的烘箱中烘干。抛光的目的是使待镀合金件表面粗糙度降低，以获得光亮、平整的待镀合金件，使镀层与待镀合金件黏附更加牢固；抛光液组成：10~30g/L 氢氧化钠、20~40g/L 草酸、30％过氧化氢 80~120mL/L、去离子水。

④ 活化：将步骤③所得的待镀合金件置于 20~40℃ 的活化处理液中浸泡 0.5~1min，取出待镀合金件用去离子水清洗干净，在 60~80℃ 的烘箱中烘干。活化是待镀合金件通过酸溶液的侵蚀，使待镀合金件表面的氧化膜溶解而露出活泼金属界面的过程，活化的目的是保证铂钯电镀层与基体待镀合金件的结合力；活化处理液由 98％的浓硫酸和去离子水按体积比为 (0.01~0.05)：1 混合而成。

（3）电镀：将步骤④所得的待镀合金件置于步骤（1）所得的电镀液中，以待镀合金件为阴极，以纯钛或石墨为阳极，在电镀液温度为 20～40℃、电流密度为 2～20A/dm$^2$ 的条件下电镀 5～15min，将电镀后的合金件取出，用去离子水清洗干净，在 60～80℃的烘箱中烘干，在合金件表面得到一层钯铂合金镀层。通过控制电镀过程中的工艺参数，并将电镀的阳极均匀布设在阴极的周围，可使镀层成分可控。

**产品特性**

该电镀液稳定性好，环保；采用本品电镀得到的铂钯镀层均匀致密，硬度高，耐腐蚀性好，与合金件基体的黏附性好，镀层光亮，无起皮、鼓泡现象；该电镀工艺操作简单，条件可控，通过控制电镀过程中的工艺参数，并将电镀的阳极均匀布设在阴极的周围，可使镀层成分可控，电镀效率高，均镀能力强。

## 配方 58　用于金刚石锯带的电镀液

**原料配比**

| 原料 | 配比（质量份） | | 原料 | 配比（质量份） | |
|---|---|---|---|---|---|
| | 1# | 2# | | 1# | 2# |
| 硝酸银 | 50 | 55 | 壬基酚聚氧乙烯醚 | 8 | 10 |
| 硝酸镍 | 20 | 25 | | | |
| 硝酸钠 | 10 | 15 | 苯甲酸钠 | 5 | 7 |
| 硫酸铜 | 20 | 25 | 盐酸甲基苯丙胺 | 8 | 10 |
| 硫酸铁 | 20 | 30 | 十氢十硼酸双四乙基铵 | 10 | 12 |
| 硫酸铝 | 20 | 30 | | | |
| 硫酸 | 10 | 15 | 十二烷基硫酸钠 | 8 | 10 |
| 脂肪醇聚氧乙烯醚 | 6 | 8 | 二乙氧基甲烷 | 10 | 12 |
| | | | 苯氧乙醇 | 8 | 10 |
| 二对甲苯甲酰-L-酒石酸 | 6 | 9 | 一缩二丙二醇 | 10 | 12 |
| | | | 去离子水 | 150 | 200 |

**制备方法**　将各组分原料混合均匀即可。

**产品特性**　本品可使金刚石锯带的金刚石不易脱落，稳固；金属镀层厚度均匀，硬度高，把持金刚石的力度大，有效切割面大，切割效率及切割能力显著提高，有效降低了生产金刚石锯带的成本，增强了空隙率，有利于切割粉末的排出。

## 配方 59　制备纳米晶镍合金镀层的电镀液

**原料配比**

| 原料 | | 配比/g | | |
|---|---|---|---|---|
| | | 1# | 2# | 3# |
| 镍盐 | 硫酸镍 | 30 | — | — |
| | 氯化镍 | — | 35 | — |
| | 碱式碳酸镍 | — | — | 50 |
| 配位剂 | 硼酸 | 10 | — | — |
| | 柠檬酸钠 | — | 20 | — |
| | 焦磷酸钾钠 | — | — | 10 |
| 晶粒细化剂 | 水合肼 | 1 | — | — |
| | 甲醛 | — | 1 | — |
| | 次磷酸钠 | — | — | 1 |
| | 盐酸羟胺 | 9 | 9 | 1 |

| 原料 | | 配比/g | | |
|---|---|---|---|---|
| | | 1# | 2# | 3# |
| 表面活性剂 | 2-乙基己基硫酸钠 | 0.1 | — | — |
| | 乙基己基硫酸钠 | — | 0.2 | — |
| | 十二烷基硫酸钠 | — | — | 0.1 |
| 去离子水 | | 加至1000mL | 加至1000mL | 加至1000mL |

**制备方法** 将各组分原料混合均匀即可。

所述电镀液的 pH 值为 3～6。

**产品应用** 制备纳米晶镍合金镀层的电镀方法：将经过表面除油和表面除氧化膜处理得到的金属基底作为阴极，纯镍板作为阳极插入所述的电镀液中，进行电沉积，电沉积过程中通过阴极移动或/和空气搅拌来消除阴极电极上产生的氢气气泡，1～2h 后得到所述的纳米晶镍合金镀层。

电镀液温度对电沉积有着重要的影响，温度升高可以提高盐类的溶解度，增大电导，提高电流效率，但是温度太高，会使得镀层容易出现细孔，所述的电镀液温度优选 30～80℃。

阴极电流密度对镀层的影响比较复杂，不同组成的电解液，阴极电流密度的范围不同，需要经过实验进行确定，本电镀的阴极电流密度优选 $10\sim60A/dm^2$。

本电镀中，镀层沉积速度为 $0.2\sim0.8\mu m/min$，在该沉积速度下，得到的镀层表面晶粒细致，微粒结合紧密，表面无细孔出现。

本产品电镀得到的纳米晶镍合金镀层为纳米晶结构，颗粒尺寸在 10nm 以下，镀层的主要成分为镍元素，还包括非金属元素氮、碳和硼中的至少一种。

**产品特性**

(1) 使用镍盐作为电镀液，防止了对人体和环境造成的污染；

(2) 电镀液中加入晶粒细化剂，使得到的纳米晶镍合金镀层表面晶粒细致、结构紧密，具有更好的耐磨损性和更高的硬度。

## 配方 60 装饰性镍铜金三元合金电镀液

**原料配比**

| 原料 | 配比/g | | |
|---|---|---|---|
| | 1# | 2# | 3# |
| 硫酸镍 | 53 | 30 | 36 |
| 硫酸铜 | 48 | 30 | 60 |
| 氯金酸 | 13.6 | 8 | 15 |
| 柠檬酸 | 12 | 15 | 13.9 |
| 十二烷基磺酸钠 | 2.5 | 3 | 3 |
| 硫酸钠 | 35 | 40 | 36 |
| N-(3-磺丙基)吡啶内盐 | 0.5 | 0.2 | 0.4 |
| 3-(3-吡啶基)-丙烯酸 | 3.2 | 4 | 2 |
| 去离子水 | 加至1000mL | 加至1000mL | 加至1000mL |

**制备方法** 将各组分原料混合均匀即可。

**产品应用** 将不锈钢工件置于电镀液中，室温下采用单向脉冲电流法，电流为 4.5A，频率为 800Hz，占空比为 60%，电镀 50min 得到镍铜金三元合金镀层。

**产品特性** 本品不仅制作简单、无毒环保、分散性均匀、稳定性好，而且可在较宽的电流范围内使用，电镀得到的镀层均匀光亮、耐磨性好、硬度高。

## 配方 61 装饰性铜锌合金电镀液

**原料配比**

| 原料 | 配比/g | | |
|---|---|---|---|
| | 1# | 2# | 3# |
| 甲基磺酸铜 | 120 | 100 | 103 |
| 硫酸锌 | 60 | 58 | 54 |
| 酒石酸钾钠 | 30 | 25 | 26 |
| 柠檬酸钾 | 10 | 20 | 16 |
| 3-(3-吡啶基)-丙烯酸 | 2 | 5 | 3 |
| 1,2-二氨基环己烷 | 1.4 | 0.6 | 1.1 |
| N-(3-磺丙基)吡啶内盐 | 0.5 | 0.4 | 0.2 |
| 乙二胺 | — | — | 28 |
| 聚乙二醇 | — | — | 2 |
| 去离子水 | 加至 1000mL | 加至 1000mL | 加至 1000mL |

**制备方法** 各组分按照所述配比进行配制，最后用氨水调节 pH 值为 8～10；电镀液的存放温度为 20～55℃。

**产品应用** 电镀步骤：

(1) 待镀工件活化。所述活化过程包括打磨、碱洗除油、酸洗活化、中和处理和水洗；工件为铜片、锌片、镍片中的任意一种。

(2) 工件电镀：将步骤 (1) 活化好的工件作为阴极置于电镀液中，以不锈钢作为阳极，电流密度线性增加至 4～6A/dm², 然后在恒电流下进行电镀，得到铜锌合金镀层。阴极和阳极之间的距离为 16～30cm，电镀液温度为 25～40℃，电镀的同时采用磁力搅拌器进行搅拌，电流密度线性增加的速率为 0.1～0.2A/(dm²·min)，恒电流的电镀时间为 20～40min。

**产品特性** 本品的电镀方法步骤简单，先采用线性增加的小电流密度进行电镀，再采用恒电流密度进行电镀，电镀效率高，得到的镀层光亮、平整、耐冲击性能和耐高温性能好，与基材之间的结合力强。

# 镀锌液

## 配方1 镀锌电镀液

**原料配比**

| 原料 | | 配比/g | | | | | | | | |
|---|---|---|---|---|---|---|---|---|---|---|
| | | 1# | 2# | 3# | 4# | 5# | 6# | 7# | 8# | 9# |
| 第一电镀液 | 硫酸锌 | 400 | 450 | 500 | 400 | 450 | 500 | 400 | 450 | 500 |
| | 硼酸 | 25 | 20 | 15 | 20 | 15 | 25 | 15 | 25 | 20 |
| | 聚醚 | 5mL | 18mL | 30mL | 5mL | 18mL | 18mL | 5mL | 30mL | 30mL |
| | 去离子水 | 加至1000mL | 加至1000mL | 加至1000mL | 加至1000mL | 加至1000mL | 加至1000mL | 加至1000mL | 加至1000mL | 加至1000mL |
| 第二电镀液 | 氯化锌 | 30 | 50 | 70 | 30 | 50 | 70 | 30 | 50 | 70 |
| | 氯化钠 | 100 | 200 | 300 | 200 | 300 | 100 | 300 | 100 | 200 |
| | 硼酸 | 15 | 28 | 40 | 15 | 15 | 28 | 28 | 40 | 40 |
| | 去离子水 | 加至1000mL | 加至1000mL | 加至1000mL | 加至1000mL | 加至1000mL | 加至1000mL | 加至1000mL | 加至1000mL | 加至1000mL |

**制备方法** 将各组分原料混合均匀即可。所述电镀液的 pH 为 4~6。

**原料介绍** 所述聚醚为聚醚多元醇如聚乙二醇醚、聚丙三醇醚，以及不同单体形成的嵌段聚合物。

**产品应用** 钕铁硼磁体的双层锌电镀步骤：

（1）对钕铁硼磁体进行电镀前处理。依次对钕铁硼磁体进行除油处理、除锈处理和去灰处理。除油处理：在金属除油试剂中处理 300~600s。除锈处理：在浓度 3%~7%的硝酸中处理 30~60s。去灰处理：在 3-羟基-1,3,5-戊三酸液中淋洗 30~60s。

（2）将前处理后的钕铁硼磁体装入电镀用滚筒中（挂具中）。

（3）将所述的滚筒（挂具）放入装有第一电镀溶液的第一电镀槽内进行首次电镀锌处理，在钕铁硼磁体表面形成第一锌镀层。所述的第一层锌层的厚度为 1~

$4\mu m$。第一电镀溶液的 pH 为 4～6，温度为 15～35℃。

（4）将所述的滚筒（挂具）放入装有第二电镀溶液的第二电镀槽内进行再次电镀锌处理，在所述的第一锌镀层的表面形成第二锌镀层。所述的第二层锌层的厚度为 5～8$\mu m$，第二电镀溶液的 pH 为 4～6，温度为 15～35℃。

（5）将再次电镀锌处理后的钕铁硼磁体从所述的滚筒中（挂具）取出，依次进行水洗处理、出光处理、钝化处理和烘烤处理。水洗时间为 5～30s。出光处理时间为 30～60s，出光处理过程采用稀硝酸溶液作为出光溶液。所述的稀硝酸溶液由稀硝酸和水混合而成，其中硝酸的浓度为 0.1%～0.5%。钝化处理时间为 30～60s，钝化处理过程采用硝酸铬溶液作为钝化溶液。所述的硝酸铬溶液由硝酸铬和水混合而成，其中硝酸铬的浓度为 20～40g/L；所述的硝酸铬溶液的 pH 为 1～1.5，温度为 40～50℃。

**产品特性**

（1）首次电镀锌处理和再次电镀锌处理结合，锌镀层与钕铁硼磁体的结合力一致性较好，且上镀速度快，耐腐蚀性较好。

（2）采用本品的钕铁硼磁体的双层锌电镀方法处理得到的钕铁硼磁体单位面积上承受的力大，结合强度好。

（3）本品的钕铁硼磁体双层锌电镀效率好于硫酸锌及碱锌工艺，达到了氯化锌工艺的水平。

（4）本品不但能满足结合力要求和电镀效率，还可以满足耐腐蚀性能的要求。

## 配方 2　镀锌抗静电电镀液

**原料配比**

| 原料 | 配比（质量份） | | |
|---|---|---|---|
| | 1# | 2# | 3# |
| 硫酸铜 | 30 | 40 | 50 |
| 硫酸铝 | 40 | 45 | 50 |
| 氯化铜 | 30 | 45 | 60 |
| 氢氧化镍 | 15 | 18 | 20 |
| 氯化钴 | 10 | 15 | 20 |
| 硫酸铁 | 15 | 20 | 30 |
| 氯化亚铁 | 10 | 15 | 20 |
| 氧化亚铜 | 10 | 12 | 15 |
| 盐酸 | 15 | 18 | 20 |
| 乙酸 | 3 | 4 | 5 |
| 磷酸氢钠 | 10 | 12 | 15 |
| 亚硝酸钠 | 15 | 18 | 20 |
| 氧化锌 | 20 | 25 | 30 |
| 锡酸钠 | 20 | 30 | 50 |
| 氢氧化钾 | 20 | 30 | 50 |
| 乙氧基化脂肪族烷基胺 | 50 | 30 | 80 |
| 去离子水 | 1000 | 2000 | 3000 |

**制备方法**　将硫酸铜、硫酸铝、氯化铜、氢氧化镍、氯化钴、硫酸铁、氯化亚铁、氧化亚铜、盐酸、乙酸、磷酸氢钠、亚硝酸钠、氧化锌、锡酸钠、氢氧化钾、

乙氧基化脂肪族烷基胺混合搅拌，通过分散机分散后加入去离子水中，通过高速搅拌机搅拌后得到该电镀液。

**产品特性** 本品中加入了乙氧基化脂肪族烷基胺，能够有效实现抗静电效果。

## 配方3 镀锌用低泡水溶性电镀液

原料配比

| 原料 | | 配比/g | | | | | | | | |
|---|---|---|---|---|---|---|---|---|---|---|
| | | 1# | 2# | 3# | 4# | 5# | 6# | 7# | 8# | 9# |
| 氯化锌 | | 65 | 65 | 65 | 70 | 70 | 70 | 75 | 75 | 75 |
| 碱金属氯化物 | 氯化钾 | 220 | 230 | 210 | — | 30 | 110 | 190 | 180 | 70 |
| | 氯化钠 | — | — | 40 | 240 | 200 | 110 | 50 | 70 | 150 |
| H₃BO₃ | | 40 | 40 | 40 | 35 | 35 | 35 | 30 | 30 | 30 |
| 光亮剂 | 0.3%的乙醇醛水溶液 | 1 | | | 1 | | | 1 | | |
| | 0.15%的乙醇醛与0.1%的乙二醛的混合水溶液 | | 1.5 | | | 1.5 | | | 1.5 | |
| | 0.1%的乙醇醛、乙二醛和对氯苯甲醛的混合水溶液 | | | 2 | | | 2 | | | 2 |
| 开缸剂 | 10%的直聚环氧基萘酚丙基磺酸钾盐的水溶液 | 50 | | | 40 | | | 30 | | |
| | 3%的聚环氧基萘酚丙基磺酸钾盐的水溶液和5%的苯甲酸钠的水溶液 | | 50 | | | 40 | | | 30 | |
| | 4%的聚环氧基萘酚丙基磺酸钾盐、苯甲酸钠和烟酸的混合水溶液 | | | 50 | | | 40 | | | 30 |
| 去离子水 | | 加至1000mL | 加至1000mL | 加至1000mL | 加至1000mL | 加至1000mL | 加至1000mL | 加至1000mL | 加至1000mL | 加至1000mL |

**制备方法** 向配槽中加入1/2至2/3的去离子水，加入碱金属氯化物和氯化锌并搅拌至溶解，硼酸用75～85℃的热水完全溶解后加入配槽中，最后将光亮剂及开缸剂在搅拌状态下加入配槽中，加水至配槽装满，搅拌均匀即得所述低泡水溶性电镀液。

**产品应用** 本品是一种镀锌用低泡水溶性电镀液。

对工件的处理过程如下：镀锌件上线→化学除油→超声波除油→阴极电解除油、除垢→水洗×2→阳极电解除油→水洗×2→酸活化→水洗×2→氯化钾镀锌→水洗×2→超声波水洗→稀硝酸出光→水洗×2→TR-290三价铬蓝白钝化或TR-380三价铬彩色钝化→水洗×2→去离子水洗→热水洗→吹风→烘干→下挂。

**产品特性**

(1) 该电镀液中各组分均为水溶性且具有低泡特点，有利于环境保护、提高生产效率且得到的镀锌件耐蚀性好。

(2) 本品具有低泡特点，清洗锌镀层时产生的废水少且泡沫少，废弃电镀液及清洗产生的废水对环境产生的危害均显著降低。

（3）电镀过程中可以使用压缩空气搅拌，使锌的沉积速度加快，允许电流密度也可提高至传统的两倍，极大地提高了生产效率；同时使用空气搅拌，也可把电镀液中主要有害杂质 $Fe^{2+}$ 氧化成 $Fe^{3+}$，并通过槽液的连续过滤而除去，大大减少除 $Fe^{2+}$ 化学试剂的加入量。

（4）使用本品电镀得到的镀锌膜层与基体的结合强度好；镀锌膜层经蓝白钝化或彩色钝化后，均可通过中性盐雾试验，耐蚀性良好。

## 配方 4　镀锌增白电镀液

原料配比

| 原料 | 配比（质量份） | | |
| --- | --- | --- | --- |
| | 1# | 2# | 3# |
| 硫酸铜 | 30 | 40 | 50 |
| 硫酸铝 | 40 | 45 | 50 |
| 氯化铜 | 30 | 45 | 60 |
| 氢氧化镍 | 15 | 18 | 20 |
| 柠檬酸 | 10 | 15 | 20 |
| 硫酸铁 | 15 | 20 | 30 |
| 氯化亚铁 | 10 | 15 | 20 |
| 氧化亚铜 | 10 | 12 | 15 |
| 盐酸 | 15 | 18 | 20 |
| 乙酸 | 3 | 4 | 5 |
| 碳酸钾 | 10 | 12 | 15 |
| 亚硝酸钠 | 15 | 18 | 20 |
| 氰化钾 | 20 | 25 | 30 |
| 锡酸钠 | 20 | 30 | 50 |
| 氢氧化钾 | 20 | 30 | 50 |
| 增白剂 TA | 50 | 30 | 80 |
| 去离子水 | 1000 | 2000 | 3000 |

**制备方法**　将硫酸铜、硫酸铝、氯化铜、氢氧化镍、柠檬酸、硫酸铁、氯化亚铁、氧化亚铜、盐酸、乙酸、碳酸钾、亚硝酸钠、氰化钾、锡酸钠、氢氧化钾、增白剂 TA 混合搅拌，通过分散机分散后加入去离子水中，通过高速搅拌机搅拌后得到该电镀液。

**产品应用**　本品是一种镀锌用电镀液。

**产品特性**　本品中加入了增白剂 TA，能够有效实现增白效果。

## 配方 5　管道电镀液

原料配比

| 原料 | | 配比（质量份） | | |
| --- | --- | --- | --- | --- |
| | | 1# | 2# | 3# |
| 氧化锌 | | 1 | 2 | 3 |
| 氢氧化钠 | | 2 | 3 | 5 |
| 光亮剂 | | 0.3 | 0.4 | 0.5 |
| 除杂剂 | | 0.2 | 0.2 | 0.3 |
| 纳米二氧化钛颗粒 | | 1 | 2 | 3 |
| 树脂粉末 | 聚乙烯树脂粉末或环氧树脂粉末 | 3 | 4 | 5 |
| 四甲基碘化铵 | | 0.3 | 0.5 | 0.8 |

| 原料 | | 配比（质量份） | | |
|---|---|---|---|---|
| | | 1# | 2# | 3# |
| 增强剂 | | 0.1 | 0.3 | 0.5 |
| 缓蚀剂 | 乌洛托品和葡萄糖酸钠 | 0.3 | 0.3 | 0.5 |
| 抗菌剂 | | 0.2 | 0.3 | 0.4 |
| 颜料 | | 1 | 1.5 | 2 |
| 去离子水 | | 8 | 10 | 15 |
| 抗菌剂 | 纳米银 | 0.4 | 0.4 | 0.4 |
| | 二氧化硅 | 1 | 1 | 1 |
| 增强剂 | 生物炭 | 1 | 1 | 1 |
| | 纳米二氧化钛 | 0.8 | 0.8 | 0.8 |
| | 凡士林 | 1.5 | 1.5 | 1.5 |

**制备方法**

（1）将光亮剂、除杂剂、增强剂、缓蚀剂、抗菌剂在预混机中充分混合，制成预混料；

（2）向镀槽中加入适量去离子水，然后加入氢氧化钠，搅拌至氢氧化钠完全溶解；

（3）在不断搅拌下缓慢加入氧化锌，直至氧化锌完全溶解；

（4）将步骤（1）制备的预混料加入步骤（3）的溶液中，继续进行搅拌；

（5）加入纳米二氧化钛颗粒、树脂粉末、四甲基碘化铵和颜料，混合搅拌均匀，通电进行试电解，在 $0.2 \sim 0.3 A/dm^2$ 的电流密度下电解 $0.5 \sim 1h$；

（6）进行二次电解，在 $0.2 \sim 0.3 A/dm^2$ 的电流密度下电解 $2 \sim 4h$，电镀液制备完成。

**产品应用** 本品是一种管道电镀液。

**产品特性**

本品电镀能够对两根管道进行快速连接，有效提高了管道连接的效率和稳定性，并且能够防止管道连接处发生生锈和腐蚀；在引流部进行电镀，能够在引流部的表面形成一层镀层，该镀层能够有效地提高引流部表面的光泽度、光滑效果、防锈能力和抗腐蚀能力，对管道连接后的流通能力有一定的促进作用；采用特定方法和配方能够保证加工的接管在连接后短期内不会发生生锈和腐蚀，并且增加了接管的硬度，防止长期使用后发生形变，从而影响使用效果。

## 配方6 光亮型碱性无氰镀锌电镀液

**原料配比**

| 原料 | 配比/g |
|---|---|
| 氧化锌 | 10 |
| 氢氧化钠 | 100 |
| 锌粉 | 2 |

| 原料 | 配比/g | | | |
|---|---|---|---|---|
| 活性炭 | 1 | | | |
| 添加剂 B | 4mL | | | |
| 添加剂 A | 10mL | | | |
| 去离子水 | 加至 1000mL | | | |
| 添加剂 A | 柔软剂 | | 100~500mL | |
| | 光亮剂 | 1-甲基吡啶鎓-3-甲酸钠 | 100~300mL | |
| | | 辅助光亮剂 | 10~100mL | |
| | | 增厚剂 | 5~15 | |
| | | 去离子水 | 加至 1000mL | |
| | 柔软剂 /(mol) | 三乙烯四胺 | 1~2 | |
| | | 哌嗪 | 0.5~1.5 | |
| | | 2,4,6-三甲基苯胺 | 0.3~1.5 | |
| | | 乙酰胺 | 0.8~1.5 | |
| | | 聚丙烯酰胺 | 0.5~1.5 | |
| | | 环氧氯丙烷 | 1~4 | |
| | 辅助光亮剂 | 咪唑 | 1.2 | |
| | | 环氧氯丙烷 | 1 | |
| | 去离子水 | | 加至 1000mL | |
| 添加剂 B | 果糖 | | 100~400 | |
| | 葡萄糖 | | 200~500 | |
| | 去离子水 | | 加至 1000mL | |

**制备方法**

(1) 取总体积 1/4 的去离子水，加入氢氧化钠搅拌至完全溶解，然后将氧化锌用少许去离子水调成糊状，边搅拌边加入氢氧化钠溶液中，直到完全溶解，冷却至室温，备用。

(2) 在步骤（1）配制好的溶液中加入锌粉，搅拌 1h，再加入活性炭，搅拌 1h，静置 1h 后过滤，备用。

(3) 向步骤（2）制得的溶液中加入添加剂 B，再加入添加剂 A，加去离子水至 1L，混合搅拌均匀，制得无氰镀锌电镀液。

**原料介绍**

所述柔软剂为混合有机胺与环氧氯丙烷聚合的水溶性高分子。

所述混合有机胺为三乙烯四胺、哌嗪、2,4,6-三甲基苯胺、乙酰胺、聚丙烯酰胺中的任意一种或两种以上的混合物。

所述柔软剂通过以下步骤制备：在反应器中加入三乙烯四胺、哌嗪、2,4,6-三甲基苯胺、乙酰胺、聚丙烯酰胺，升温到 60℃，缓慢滴加环氧氯丙烷，待滴完后，升温到 90℃，反应 12h，冷却，回收，获得柔软剂。

所述辅助光亮剂为咪唑与环氧氯丙烷的聚合物。

所述辅助光亮剂通过以下步骤制备：在反应器中加入咪唑，升温到 45℃，缓慢滴加环氧氯丙烷，待滴完后，升温到 85℃，反应 12h，冷却，回收，获得辅助光亮剂。

所述增厚剂为咪唑、1-甲基咪唑、三聚氰胺中的任意一种或两种以上的混合物。

**产品特性**

(1) 本品采用两剂型添加剂，工艺简单、成本低、维护方便。

(2) 本品的添加剂 A 中包含增厚剂，提高了电镀过程中的电流效率，有利于提高电镀效率，降低电镀成本。

(3) 本品的添加剂 A 中不含有三乙醇胺，添加剂 B 中不含 EDTA，废水处理方便，环保性高。

(4) 本品提供的添加剂 A 中含有光亮剂，搭配了辅助光亮剂，极大地提高了镀层的光亮度，且主光亮剂水解后可溶于水，不会夹杂到镀层中，降低了镀层的脆性，同时，锌层夹杂少，耐蚀性更好。

(5) 本品添加剂 A 中含有由混合有机胺制得的聚合物，可以在碱性无氰镀锌电镀液中获得全片镜面光亮的锌镀层，电流密度范围宽。

(6) 应用本品电镀获得的镀层与基体的结合强度好，分散能力和覆盖能力佳。

### 配方 7　环保型无氰碱性镀锌电镀液

**原料配比**

| 原料 | | 配比（质量份） | | | | | |
|---|---|---|---|---|---|---|---|
| | | 1# | 2# | 3# | 4# | 5# | 6# |
| | 锌 | 10 | 11 | 12 | 10 | 11 | 12 |
| | 氢氧化钠 | 130 | 140 | 145 | 130 | 140 | 145 |
| 调整剂 | 葡萄糖酸钠 | 25(体积份) | 27(体积份) | 30(体积份) | 25(体积份) | 27(体积份) | 30(体积份) |
| 开缸剂 | 多乙烯多胺与环氧氯丙烷加成物 | 6(体积份) | 7(体积份) | 8(体积份) | 6(体积份) | 7(体积份) | 8(体积份) |
| | 光亮剂 | 1(体积份) | 2(体积份) | 3(体积份) | 1(体积份) | 2(体积份) | 3(体积份) |
| 润湿剂 | 十二烷基硫酸钠 | 0.1(体积份) | 0.2(体积份) | 0.3(体积份) | 0.1(体积份) | 0.2(体积份) | 0.3(体积份) |
| | 去离子水 | 加至1000mL | 加至1000mL | 加至1000mL | 加至1000mL | 加至1000mL | 加至1000mL |
| 光亮剂 | 聚乙烯亚胺 | 10 | 15 | 20 | 10 | 15 | 20 |
| | 咪唑丙氧基缩合物 | 15 | 20 | 25 | 15 | 20 | 25 |
| | 氮杂环类衍生物 | 25 | 30 | 35 | 25 | 30 | 35 |
| | 改性芳香醛类化合物 | 13 | 18 | 13～23 | 13 | 18 | 13～23 |
| | 环氧氯丙烷 | 70～80 | 70～80 | 70～80 | 70～80 | 70～80 | 70～80 |
| | 水 | 400 | 450 | 500 | 400 | 450 | 500 |

**制备方法**　将各组分原料混合均匀即可。

**原料介绍**

所述光亮剂通过以下步骤制备：将聚乙烯亚胺、咪唑丙氧基缩合物、氮杂环类衍生物、改性芳香醛类化合物和水加入反应器中，升温至 45℃；将 70～80 份环氧氯丙烷加入滴液漏斗中，缓慢滴入反应器中并搅拌反应，反应温度不超过 45℃，滴加时间为 3～5h；经过步骤 S2 滴加完成环氧氯丙烷后，将反应器的温度升高至80℃，搅拌反应 6h，得到光亮剂。

**产品应用**　电镀液的镀锌工艺如下：温度 25～30℃，阴极电流密度 2.0～3.5A/dm$^2$，阳极电流密度 1.0～2.0A/dm$^2$，连续过滤，空气搅拌，阴极移动。

**产品特性**

（1）本品提高了锌镀层光亮度，厚度可达 $30\mu m$，无脆性，镀液分散能力和覆盖能力超过传统的碱性镀锌电镀液，维护简单，经济实用且绿色环保。

（2）本品电镀可以获得全片镜面光亮的锌镀层，镀层表面平整，抗变色性好，耐腐蚀性和耐磨性高。

（3）本品应用在镀锌工艺中，电流密度范围宽，镀层与基体的结合强度好，电镀废水处理更容易。

## 配方 8　可增厚锌层厚度的碱性无氰镀锌电镀液

**原料配比**

| 原料 | | 配比/g | | | |
|---|---|---|---|---|---|
| | | 1# | 2# | 3# | 4# |
| 基础液 | 氧化锌 | 10 | 12 | 12 | 12 |
| | 氢氧化钠 | 100 | 110 | 140 | 150 |
| 锌粉 | | 2 | 1 | 3 | 2 |
| 活性炭 | | 2 | 2 | 3 | 3 |
| 三乙烯四胺 | | 10 | 12 | 15 | 15 |
| 羟丙基咪唑 | | 2 | 4 | 8 | 7 |
| [Bmim] PF6 | | 1 | 3 | 5 | 3 |
| 乌洛托品 | | 2 | 3 | 4 | 3 |
| 光亮剂 | | 2 | 3 | 4 | 2 |
| 去离子水 | | 加至 1000mL | 加至 1000mL | 加至 1000mL | 加至 1000mL |

**制备方法**

（1）取总体积 1/5～1/4 的去离子水，加入氢氧化钠搅拌至完全溶解，然后将氧化锌用少许去离子水调成糊状，边搅拌边加入氢氧化钠溶液中，搅拌至完全溶解，得到基础液；

（2）在基础液中加入锌粉、活性炭进行前处理；

（3）向步骤（1）制得的溶液中加入三乙烯四胺、羟丙基咪唑、[Bmim] PF6、乌洛托品、光亮剂，然后加去离子水至 1L，混合搅拌均匀，制得无氰镀锌电镀液。

**原料介绍**　　[Bmim] PF6 为离子液体 1-丁基-3-甲基咪唑六氟磷酸盐。

光亮剂为藜芦醛、邻磺基苯甲醛、4-甲氧基苯甲醛中的任意一种。

**产品特性**　　本品利用三乙烯四胺对锌离子进行主配合将锌离子沉积到阴极，利用羟丙基咪唑、[Bmim] PF6 和乌洛托品的协同作用对锌离子进行辅助配合使得沉积速度快且大大提高了锌镀层的锌层厚度，利用光亮剂的作用提高锌镀层的光亮效果。

## 配方 9　酸性镀锌电镀液

**原料配比**

| 原料 | 配比/g | | | | |
|---|---|---|---|---|---|
| | 1# | 2# | 3# | 4# | 5# |
| 氯化锌 | 55 | 55 | 60 | 65 | 65 |
| 氯化钾 | 240 | 250 | 255 | 255 | 245 |

| 原料 | | 配比/g | | | | |
|---|---|---|---|---|---|---|
| | | 1# | 2# | 3# | 4# | 5# |
| 硼酸 | | 30 | 30 | 35 | 40 | 40 |
| 光亮整平剂 I | | 220 | — | 110 | 100 | 80 |
| 光亮整平剂 II | 2,4,7,9-四甲基-5-癸炔-4,7-二醇醚磺酸钠盐 | — | 250 | 110 | 150 | 160 |
| 碳粉和锌粉 | | 适量 | 适量 | 适量 | 适量 | 适量 |
| 去离子水 | | 加至 1000mL | 加至 1000mL | 加至 1000mL | 加至 1000mL | 加至 1000mL |
| 光亮整平剂 I | FMEE | 2 | — | — | — | 1 |
| | FMES | — | — | 1 | 2 | — |
| | 正辛醇聚氧乙烯-丙烯醚磺酸钠盐 | 5 | — | 7 | 7 | 5 |

**制备方法** 向氯化锌和硼酸的混合物中加入去离子水，搅拌，溶解完全后，向混合液中加入氯化钾，待氯化钾完全溶解后，再向混合液中加入适量的炭粉和锌粉，充分搅拌，混合均匀后过滤，向滤液中加入光亮整平剂，混合均匀后，用去离子水定容，即得成品。

**原料介绍**

所述光亮整平剂包括光亮整平剂 I 和/或光亮整平剂 II，所述光亮整平剂 I 为脂肪酸甲酯乙氧基化物或者其磺酸钠盐和天然醇聚氧烯基醚磺酸钠盐的混合物，所述光亮整平剂 II 为 2,4,7,9-四甲基-5-癸炔-4,7-二醇醚磺酸钠盐。

所述的脂肪酸甲酯乙氧基化物为 FMEE，脂肪酸甲酯乙氧基化物磺酸钠盐为 FMES。

所述的天然醇聚氧烯基醚磺酸钠盐为正辛醇聚氧乙烯醚磺酸钠盐、正辛醇聚氧乙烯-丙烯醚磺酸钠盐或者琥珀酸单酯钠盐中的任意一种。

所述的酸性镀锌电镀液还包括氯化锌、氯化钾、缓冲剂，其中缓冲剂为硼酸；氯化锌为镀锌液提供锌离子；氯化钾作为镀液的导电盐；为了保证阳极锌板的正常溶解，硼酸用于调节镀液的 pH 值。

酸性镀锌电镀液还包括电镀液领域常用的添加剂，包括但不限于辅助光亮剂、扩宽光亮范围的无机盐、防烧焦化合物中的至少一种。

所述的辅助光亮剂可以为芳香醛或芳香酮；扩宽光亮范围的无机盐可以为苯甲酸钠或尿素；防烧焦化合物可以为烟酸或 HS-1000；辅助光亮剂、扩宽光亮范围的无机盐和防烧焦化合物还可以选择电镀液领域常用的该类型的添加剂。

**产品特性**

(1) 本品以脂肪酸甲酯乙氧基化物或者其磺酸钠盐和天然醇聚氧烯基醚磺酸钠盐的混合物、2,4,7,9-四甲基-5-癸炔-4,7-二醇醚磺酸钠盐中的一种或两种的混合物作为光亮剂，与传统的酸性镀锌电镀液相比，该电镀液无毒、无污染、废水容易处理，符合绿色环保的要求。

(2) 镀液性能稳定，镀层与基体的结合力强，且耐低温分散性能和耐高温性均较好；本品具有很好的低泡性和抑泡效果。

## 配方 10　碱性镀锌高纯度电镀液

**原料配比**

| 原料 | 配比/g | | |
|------|--------|--------|--------|
| | 1# | 2# | 3# |
| 偏硼酸钡 | 20 | 22 | 21 |
| 磷酸 | 18 | 20 | 19 |
| 甲基苯并三氮唑 | 6 | 8 | 7 |
| 三羟甲基丙烷三丙烯酸酯 | 2 | 6 | 4 |
| 乙烯基三甲氧基硅烷 | 3 | 7 | 5 |
| 乌洛托品 | 1 | 3 | 2 |
| 淀粉 | 1 | 3 | 2 |
| 硝酸镍 | 2 | 4 | 3 |
| 二丁基羟基甲苯 | 2 | 8 | 5 |
| 2-硫醇基苯并咪唑 | 8 | 12 | 10 |
| 去离子水 | 加至 1000mL | 加至 1000mL | 加至 1000mL |

**制备方法**　将各组分原料混合均匀即可。

**产品特性**　本品配方简单实用，无铬酸盐，安全环保、无污染；在与金属表面发生作用时形成一层氧或含氧粒子的吸附层，由于氧在金属表面上的吸附，改变了金属与溶液的界面结构，使电极反应的活化能升高，金属表面反应能力下降而钝化。

# 8

# 其他镀液

## 配方1 二硝基硫酸二氢化铂的铂电镀液

原料配比

| 原料 | | 配比/g | | | | | |
|---|---|---|---|---|---|---|---|
| | | 1# | 2# | 3# | 4# | 5# | 6# |
| 二硝基硫酸二氢化铂(以铂计) | | 4 | 6 | 5 | 4.5 | 5.6 | 5.4 |
| 水溶性磷酸盐(以磷酸根计) | 磷酸氢二钠 | 10 | 10 | 120 | — | — | — |
| | 磷酸氢二铵 | — | — | — | 110 | 10 | 112 |
| 氨基磺酸(调电镀液 pH 值) | | 1 | 1 | 2 | 2 | 1.5 | 1.5 |
| 十二烷基硫酸钠 | | 0.004 | 0.008 | 0.006 | 0.004 | 0.007 | 0.006 |
| 去离子水 | | 加至 1000mL | 加至 1000mL | 加至 1000mL | 加至 1000mL | 加至 1000mL | 加至 1000mL |

**制备方法** 在水中溶解各原料组分形成电镀液，所述电镀液 pH 为 1~2。

**原料介绍** 除了上述成分外，本品还可选用合适用量的在本领域所常用的其他添加剂，例如导电剂、配位剂等常规助剂，这些都不会损害镀层的特性。

**产品应用** 将待电镀的基材置入所述电镀液中，通入电流，同时施加超声波进行电镀。所述电流为单脉冲方波电流，所述单脉冲方波电流的脉宽为 0.5~1ms，占空比为 5%~30%，平均电流密度为 2~4A/dm$^2$，电镀液温度为 80~90℃，电镀时间为 20~40min，阳极与阴极的面积比为（1~4）∶1。所述基材为镍、钛、钽、铜或银。

超声波的施加方式可采用超声波发生器，对超声具体条件无特别要求，可根据实际情况来选择。

本品对待电镀基材电镀前的处理方法以及电镀后镀件的处理不加限定，可以采取常规的处理方法，例如镀前清洗、打磨等。电镀的电极选择也可采用常规的方法来进行。

**产品特性**

（1）本电镀液选用二硝基硫酸二氢化铂为主盐。铂离子的含量低时，镀层呈灰色，甚至发黑，提高主盐含量可相应地提高阴极电流密度，加快沉积速度。但由于铂价极高，铂含量要严格控制在 0.02～0.03mol/L 范围内。过高的主盐容易使镀层粗糙，且亚硝酸钠是同离子效应盐，能防止 P 盐的分解，可以得到光亮的铂镀层；若要得到较厚铂镀层，阴极应经常移动，且中途还应多次取出镀件，擦掉毛刺再镀，由于内应力不断增大，在这类槽液中沉积得到的铂镀层的厚度是有限的。氨基磺酸作为酸性调节剂，能使镀层结晶细致、光亮。以磷酸盐为光亮剂，可获得平整、光泽度高、结合强度良好的镀层。

（2）同直流电沉积相比，双电层的厚度和离子浓度分布均有改变；在增加了电化学极化的同时，降低了浓差极化，产生的直接作用是，脉冲电镀获得的镀层比直流电沉积获得的镀层更均匀、结晶更细密。不仅如此，脉冲电镀形成的镀层硬度和耐磨性均高，分布均匀性好，减少了零件边角处的超镀，可节约镀液使用量。

（3）本品具有较好的分散能力和深镀能力，阴极电流效率高，镀液性能优异。采用该镀液在碱性条件下电镀获得的镀层孔隙率低、光亮度高、质量良好。

## 配方 2　碱性镀铂的 P 盐电镀液

**原料配比**

| 原料 | 配比/g | | | | | |
| --- | --- | --- | --- | --- | --- | --- |
| | 1# | 2# | 3# | 4# | 5# | 6# |
| P 盐（以铂计） | 20 | 30 | 25 | 22 | 26 | 26 |
| 氯化钙（以钙计） | 0.002 | 0.006 | 0.004 | 0.0025 | 0.005 | 0.003 |
| 硝酸铵 | 90 | 110 | 100 | 95 | 105 | 100 |
| 亚硝酸钾 | 8 | 12 | 10 | 9 | 11 | 10 |
| 去离子水 | 加至 1000mL | 加至 1000mL | 加至 1000mL | 加至 1000mL | 加至 1000mL | 加至 1000mL |

**制备方法**　在水中溶解各原料组分形成电镀液。

**原料介绍**　除了上述成分外，本品还可选用合适用量的在本领域所常用的其他添加剂，例如导电剂等常规助剂，这些都不会损害镀层的特性。

**产品应用**　将待电镀的基材置入所述电镀液中，通入电流，同时施加超声波进行电镀。所述电流为单脉冲方波电流，所述单脉冲方波电流的脉宽为 0.5～1ms，占空比为 5%～30%，平均电流密度为 0.5～3A/dm$^2$，电镀液 pH 为 11～13，电镀液温度为 70～80℃，电镀时间为 20～40min，阳极与阴极的面积比为（1～4）∶1。所述基材为镍、钛、钽、铜或银。

超声波的施加方式可采用超声波发生器，对具体条件无特别要求，可根据实际情况来选择。

本品对待电镀基材电镀前的处理方法以及电镀后镀件的处理不加限定，可以采取常规的处理方法，例如镀前清洗、打磨等。电镀的电极选择也可采用常规的方法来进行。

**产品特性**　本品以 P 盐为铂主盐，以硝酸铵和亚硝酸钾为辅盐，以氯化钙为光亮剂，具有较好的分散能力和深镀能力，阴极电流效率高，镀液性能优异。采用该镀液在碱性条件下电镀获得的镀层孔隙率低、光亮度高、质量良好。

### 配方 3 碱性镀铂的电镀液

原料配比

| 原料 | 配比/g | | | | | |
|---|---|---|---|---|---|---|
| | 1# | 2# | 3# | 4# | 5# | 6# |
| 六羟基铂酸钾（以铂计） | 10 | 20 | 15 | 12 | 16 | 14 |
| 氯化钙（以钙计） | 2 | 6 | 4 | 2.5 | 5 | 3 |
| 氢氧化钾 | 0.020 | 0.06 | 0.040 | 0.03 | 0.055 | 0.05 |
| 去离子水 | 加至 1000mL | 加至 1000mL | 加至 1000mL | 加至 1000mL | 加至 1000mL | 加至 1000mL |

**制备方法** 在水中溶解各原料组分形成电镀液。

**原料介绍** 除了上述成分外，本品还可选用合适用量的在本领域所常用的其他添加剂，例如导电剂等常规助剂，这些都不会损害镀层的特性。

**产品应用** 将待电镀的基材置入所述电镀液中，通入电流，同时施加超声波进行电镀。所述电流为单脉冲方波电流，所述单脉冲方波电流的脉宽为 0.5～1ms，占空比为 5%～30%，平均电流密度为 0.5～3A/dm$^2$，电镀液 pH 为 11～13，电镀液温度为 70～80℃，电镀时间为 20～40min，阳极与阴极的面积比为（1～4）：1。所述基材为镍、钛、钽、铜或银。超声波的施加方式可采用超声波发生器。本品对超声波发生器的具体型号及结构无特殊要求，可采用市售的；对超声的具体条件也无特别要求，可根据实际情况来选择。

本品对待电镀基材电镀前的处理方法以及电镀后镀件的处理不加限定，可以采取常规的处理方法，例如镀前清洗、打磨等。电镀电极的选择也可采用常规的方法来进行。

**产品特性** 本品具有较好的分散能力和深镀能力，阴极电流效率高，镀液性能优异。采用该镀液在碱性条件下电镀获得的镀层孔隙率低、光亮度高、质量良好。

### 配方 4 六氯铂酸钾的铂电镀液

原料配比

| 原料 | | 配比/g | | | | | |
|---|---|---|---|---|---|---|---|
| | | 1# | 2# | 3# | 4# | 5# | 6# |
| 六氯铂酸钾（以铂计） | | 0.6 | 1 | 0.8 | 0.75 | 0.90 | 0.85 |
| 水溶性磷酸盐 | 磷酸氢二钠 | 10 | 10 | 120 | — | — | — |
| （以磷酸根计） | 磷酸氢二铵 | — | — | — | 110 | 10 | 112 |
| 盐酸（调节电镀液 pH 值） | | 1 | 1 | 2 | 2 | 1.5 | 1.5 |
| 十六烷基三甲基氯化铵 | | 0.004 | 0.008 | 0.006 | 0.004 | 0.007 | 0.006 |
| 去离子水 | | 加至 1000mL | 加至 1000mL | 加至 1000mL | 加至 1000mL | 加至 1000mL | 加至 1000mL |

**制备方法** 在水中溶解各原料组分形成电镀液，所述电镀液 pH 为 1～2。

**原料介绍** 除了上述成分外，本品还可选用合适用量的在本领域所常用的其他添加剂，例如导电剂、配位剂等常规助剂，这些都不会损害镀层的特性。

**产品应用**　将待电镀的基材置入所述电镀液中，通入电流，同时施加超声波进行电镀。所述电流为单脉冲方波电流；所述单脉冲方波电流的脉宽为 0.5～1ms，占空比为 5%～30%，平均电流密度为 2～4A/dm²，电镀液温度为 80～90℃，电镀时间为 20～40min，阳极与阴极的面积比为（1～4）：1。所述基材为镍、钛、钽、铜或银。

本品对待电镀基材电镀前的处理方法以及电镀后镀件的处理不加限定，可以采取常规的处理方法，例如镀前清洗、打磨等。电镀电极的选择也可采用常规的方法来进行。

**产品特性**　本品具有较好的分散能力和深镀能力，阴极电流效率高，镀液性能优异。采用该镀液在碱性条件下电镀获得的镀层孔隙率低、光亮度高、质量良好。

## 配方5　四硝基铂酸钾的铂电镀液

**原料配比**

| 原料 | | 配比/g | | | | | |
|---|---|---|---|---|---|---|---|
| | | 1# | 2# | 3# | 4# | 5# | 6# |
| 四硝基铂酸钾（以铂计） | | 4 | 6 | 5 | 4.5 | 5.6 | 5.4 |
| 水溶性磷酸盐（以磷酸根计） | 磷酸氢二钠 | 10 | 10 | 120 | — | — | — |
| | 磷酸氢二铵 | — | — | — | 110 | 10 | 112 |
| 硝基水杨酸（调节电镀液 pH 值） | | 1 | 1 | 2 | 2 | 1.5 | 1.5 |
| 十二烷基苯磺酸钠 | | 0.004 | 0.008 | 0.006 | 0.004 | 0.007 | 0.006 |
| 去离子水 | | 加至 1000mL | 加至 1000mL | 加至 1000mL | 加至 1000mL | 加至 1000mL | 加至 1000mL |

**制备方法**　在水中溶解各原料组分形成电镀液，所述电镀液 pH 为 1～2。

**原料介绍**　除了上述成分外，本品还可选用合适用量的在本领域所常用的其他添加剂，例如导电剂、配位剂等常规助剂，这些都不会损害镀层的特性。

**产品应用**　将待电镀的基材置入所述电镀液中，通入电流，同时施加超声波进行电镀。所述电流为单脉冲方波电流，所述单脉冲方波电流的脉宽为 0.5～1ms，占空比为 5%～30%，平均电流密度为 2～4A/dm²，电镀液温度为 80～90℃，电镀时间为 20～40min，阳极与阴极的面积比为（1～4）：1。所述基材为镍、钛、钽、铜或银。

本品对待电镀基材电镀前的处理方法以及电镀后镀件的处理不加限定，可以采取常规的预处理方法，例如镀前清洗、打磨等。电镀电极的选择也可采用常规的方法来进行。

**产品特性**

（1）本品具有较好的分散能力和深镀能力，阴极电流效率高，镀液性能优异。采用该镀液在碱性条件下电镀获得的镀层孔隙率低、光亮度高、质量良好。

（2）本品电镀于超声波条件下进行。超声波的施加方式可采用超声波发生器。本品对超声波发生器的具体型号及结构无特殊要求，可采用市售的；对超声的具体条件也无特别要求，可根据实际情况来选择。同直流电沉积相比，双电层的厚度和离子浓度分布均有改变；在增加了电化学极化的同时，降低了浓差极化，产生的直接作用是，脉冲电镀获得的镀层比直流电沉积获得的镀层更均匀、结晶更细密。不仅如此，脉冲电镀形成的镀层硬度和耐磨性均高，分布均匀性好，减少了零件边角处的超镀，可节约镀液使用量。

### 配方 6　磷酸盐体系的铂电镀液

原料配比

| 原料 | | 配比/g | | | | | |
| --- | --- | --- | --- | --- | --- | --- | --- |
| | | 1# | 2# | 3# | 4# | 5# | 6# |
| 四硝基铂酸钾（以铂计） | | 4 | 6 | 5 | 4.5 | 5.6 | 5.4 |
| 水溶性磷酸盐 | 磷酸氢二钠 | 10 | 10 | 120 | — | — | — |
| （以磷酸根计） | 磷酸氢二铵 | — | — | — | 110 | 10 | 112 |
| 硫酸（可调节所述电镀液 pH） | | 1 | 1 | 2 | 2 | 1.5 | 1.5 |
| 十二烷基三甲基溴化铵 | | 0.004 | 0.008 | 0.006 | 0.004 | 0.007 | 0.006 |
| 去离子水 | | 加至1000mL | 加至1000mL | 加至1000mL | 加至1000mL | 加至1000mL | 加至1000mL |

**制备方法**　在水中溶解各原料组分形成电镀液，所述电镀液 pH 为 1～2。

**原料介绍**　除了上述成分外，本品还可选用合适用量的在本领域所常用的其他添加剂，例如导电剂、配位剂等常规助剂，这些都不会损害镀层的特性。

**产品应用**　将待电镀的基材置入所述电镀液中，通入电流，同时施加超声波进行电镀。所述电流为单脉冲方波电流，所述单脉冲方波电流的脉宽为 0.5～1ms，占空比为 5%～30%，平均电流密度为 2～4A/dm²，电镀液温度为 80～90℃，电镀时间为 20～40min，阳极与阴极的面积比为（1～4）：1。所述基材为镍、钛、钽、铜或银。

本品对待电镀基材电镀前的处理方法以及电镀后镀件的处理不加限定，可以采取常规的处理方法，例如镀前清洗、打磨等。电镀电极的选择也可采用常规的方法来进行。

**产品特性**　本品具有较好的分散能力和深镀能力，阴极电流效率高，镀液性能优异。采用该镀液在碱性条件下电镀获得镀层孔隙率低、光亮度高、质量良好。

### 配方 7　用于镍基高温合金表面电镀铂层的电镀液

原料配比

| 原料 | 配比/g | | | |
| --- | --- | --- | --- | --- |
| | 1# | 2# | 3# | 4# |
| 二亚硝基二氨铂（以铂计） | 4 | 8 | 7 | 6 |
| 氨基磺酸 | 65 | 10 | 40 | 30 |
| 柠檬酸钠 | 1 | 10 | 6 | 6 |
| 亚硝酸钠 | 5 | 10 | 8 | 8 |
| 硝酸铵 | 50 | 100 | 80 | 70 |
| 去离子水 | 加至1000mL | 加至1000mL | 加至1000mL | 加至1000mL |

**制备方法**　将各组分原料混合均匀即可。

**产品应用**　电镀步骤：

（1）对镍基高温合金表面依次进行打磨、喷砂和脱脂处理。所述喷砂采用的砂粒为刚玉砂、玻璃珠或氧化锆砂，所述喷砂的压力为 0.2~0.4MPa，时间为 2~6min。

（2）对步骤（1）中经脱脂处理后的镍基高温合金表面进行酸洗，直至镍基高温合金表面呈银白色的麻面。所述酸洗采用的酸液由盐酸溶液和硝酸溶液按体积比 1:(2.5~3.5) 配制而成，所述盐酸溶液的质量浓度为 20%~37%，所述硝酸溶液的质量浓度为 65%~68%。

（3）采用电镀液对步骤（2）中经酸洗后的镍基高温合金表面进行电镀，得到镍基高温合金表面铂层。所述电镀的参数：pH 值为 1~5，电镀液温度为 60~90℃，电镀电流密度为 1~10A/dm²，电镀时间为 0.5~6h；所述 pH 值采用氨水进行调节。所述电镀采用的阳极为纯钛或石墨，阴极为镍基高温合金，所述阳极均匀布设在阴极的周围，所述阳极与阴极的距离为 10~15cm。所述电镀的过程中通过补加二亚硝基二氨铂控制电镀液中二亚硝基二氨铂的浓度。所述电镀的过程中，当铂层厚度超过 5pm 时，每隔 5~8min 搅拌一次电镀液；当铂层出现毛刺时，去除铂层表面的毛刺后继续电镀。对得到的镍基高温合金表面铂层进行除氢退火处理，所述除氢退火处理的温度为 400~700℃，时间为 1~6h。

**产品特性**

（1）本品以二亚硝基二氨铂为主盐，以氨基磺酸、柠檬酸钠、亚硝酸钠和硝酸铵为辅盐，通过控制辅盐的浓度，使电镀液具备较强的缓冲能力，能够在较大范围内承受由 pH 值波动或者电镀液组分含量变化导致的电镀过程不稳，避免了在电镀铂层中产生较大的孔隙或毛刺，改善了电镀铂层的整体均匀性，提高了电镀铂层的质量；另外，本品无毒无害，不污染环境。

（2）本品稳定性高，在保证镀液酸碱度的前提下，通过向电镀液中补充主盐，实现了电镀液的重复利用，大大减少了辅盐的使用量，并且使用后电镀液中的铂可以完全回收，极大地降低了电镀液的成本。

（3）本品通过控制电镀过程中的工艺参数，并将电镀的阳极均匀布设在阴极的周围，在平面或复杂曲面上得到厚度不超过 8μm 的铂层，扩大了基体镍基高温合金的适用范围，并且得到的铂层厚度均匀，与镍基高温合金界面结合强度良好，无起皮、开裂现象，从而提高了镍基高温合金表面铂改性铝化物涂层的质量。

（4）本品电镀方法简单，对设备要求较低，且电镀效率高，灵活方便，适合推广。

## 配方 8　碱性无氰镀镉电镀液

**原料配比**

| 原料 | 配比/g | | | | | |
| --- | --- | --- | --- | --- | --- | --- |
| | 1# | 2# | 3# | 4# | 5# | 6# |
| 硫酸镉 | 30 | 45 | 30 | 45 | 40 | 40 |
| 氢氧化钾 | 40 | 60 | 40 | 40 | 50 | 50 |
| 柠檬酸 | 20 | 50 | 40 | 50 | 35 | 30 |

| 原料 | | 配比/g | | | | | |
|---|---|---|---|---|---|---|---|
| | | 1# | 2# | 3# | 4# | 5# | 6# |
| 配位剂 HEDP | | 20 | 180 | 150 | 180 | 100 | 120 |
| 除氢脆剂 | | 0.2 | 11 | 7 | 8.5 | 3.5 | 10 |
| 去离子水 | | 加至1000mL | 加至1000mL | 加至1000mL | 加至1000mL | 加至1000mL | 加至1000mL |
| 除氢脆剂 | 聚乙二醇、硫氰酸盐 | 聚乙二醇(分子量为6000) | 0.1 | — | — | — | 0.5 | — |
| | | 聚乙二醇(分子量为10000) | — | 1 | — | — | — | 1 |
| | | 聚乙二醇(分子量为8000) | — | — | 1 | 0.5 | — | — |
| | | 硫氰酸钠 | 0.1 | — | — | — | — | — |
| | | 硫氰酸钾 | — | 10 | — | — | — | — |
| | | 硫氰酸铵 | — | — | 6 | — | — | — |
| | | 硫氰酸钠与硫氰酸钾混合物 | — | — | — | 8 | — | — |
| | | 硫氰酸钠与硫氰酸铵混合物 | — | — | — | — | 5 | — |
| | | 硫氰酸钠、硫氰酸钾和硫氰酸铵的混合物 | — | — | — | — | — | 9 |

**制备方法**

（1）制备各成分的水溶液：使用去离子水分别溶解硫酸镉、氢氧化钾、柠檬酸、配位剂、除氢脆剂制得各自的水溶液；

（2）将各成分的水溶液按顺序进行混合：先均匀混合柠檬酸溶液与配位剂溶液，然后向其中加入硫酸镉溶液，待均匀混合后，再向其中加入氢氧化钾溶液，最后加入除氢脆剂溶液；

（3）定容：将步骤（2）所得溶液均匀混合并静置，使用去离子水定容，即制得所述电镀液。

**产品应用** 电镀时，给予所述电镀液的电流密度为 $0.2\sim4A/dm^2$，所述电镀液的工作 pH 值为 $10\sim12$，所述电镀液的工作温度为 $25\sim40℃$。

**产品特性**

（1）利用本品在不改变原有工艺基础上减少了镀镉工件高温去氢后处理工序，无需高温烘烤去氢，而且聚乙二醇、硫氰酸盐还可以与镀液中的配位剂、添加剂协同作用使钢铁基体获得均匀、平滑、细致、耐腐蚀、无脆性、无针孔、无毛刺的无氰镉镀层。

（2）本品的分散能力、深镀能力、稳定性都有显著的提升，电流效率高、阴极极化能力好、镀层与基体的结合力强，使无氰碱性镀镉工艺达到氰化镀镉的水准，可以完全替代传统的氰化镀镉，而且其废水处理简单、容易，符合国家环保生产要求。

## 配方9 氯化铵镀镉电镀液

### 原料配比

| 原料 | 配比/g | | |
|---|---|---|---|
| | 1# | 2# | 3# |
| 硫酸镉 | 50 | 70 | 30 |
| 氨三乙酸 | 100 | 70 | 130 |
| 乙二胺四乙酸 | 40 | 60 | 20 |
| 氯化铵 | 180 | 100 | 300 |
| 十二烷基硫酸钠 | 0.2 | 0.5 | 0.05 |
| 硫脲 | 1.5 | 0.5 | 5 |
| 阿拉伯树胶粉 | 2 | 5 | 0.5 |
| 聚乙二醇 | 1.5 | 0.5 | 5 |
| 乌洛托品 | 8 | 15 | 3 |
| 氢氧化钠 | 适量 | 适量 | 适量 |
| 去离子水 | 加至1000mL | 加至1000mL | 加至1000mL |

### 制备方法

(1) 取300mL去离子水,升温到80℃,搅拌下缓慢加入所述配比的氯化铵,搅拌均匀,得A品,备用;

(2) 取100mL去离子水,升温到60℃,加入所述配比的硫酸镉,直至完全溶解,得B品,将B品加入A品中,得C品;

(3) 将氨三乙酸和乙二胺四乙酸混合后调成糊状,加入200mL去离子水,将氢氧化钠溶液在不断搅拌下缓慢加入,使溶液透明,得D品,将D品加入C品中,得E品;

(4) 取200mL去离子水,升温到70℃,分别加入所述配比的十二烷基硫酸钠、硫脲、阿拉伯树胶粉、聚乙二醇、乌洛托品,充分溶解,得F品,将F品加入E品中,得G品;

(5) 向G品中加入去离子水至总体积为1000mL,搅拌,再按照0.2A/dm² 的电流密度通电20~50min,得电镀液。

**产品应用** 电镀步骤:

(1) 镀件预处理:化学除油→热水洗→逆流水洗→强腐蚀→电解除油→热水洗→逆流水洗→弱腐蚀→逆流水洗;

(2) 电镀:将电镀液加入电镀设备中,调节电镀液的pH值为6.2~7.0,温度为10~30℃,将预处理好的镀件放入电镀液中,以隔板作为阳极,以0.2~1.0 A/dm² 的电流密度进行电镀即可;

(3) 电镀后处理:将电镀好的镀件进行如下处理:逆流水洗→出光→逆流水洗→钝化处理→逆流水洗→干燥。出光所用的溶液是浓度为0.5%的硝酸溶液。

**产品特性** 本品具有优良的电镀分散能力及深镀能力,深镀能力优于氰化镀镉工艺,镀液具有较好的稳定性,镀层具有较好的耐腐蚀性,耐中性盐雾试验300h无白锈。

### 配方 10 Pt 的碱性 P 盐电镀液

原料配比

| 原料 | 配比/g | | | | | |
|---|---|---|---|---|---|---|
| | 1# | 2# | 3# | 4# | 5# | 6# |
| P 盐(以铂计) | 20 | 30 | 25 | 22 | 26 | 26 |
| 氯化锶(以锶计) | 0.01 | 0.015 | 0.012 | 0.0115 | 0.014 | 0.013 |
| 硝酸铵 | 90 | 110 | 100 | 95 | 105 | 100 |
| 亚硝酸钾 | 8 | 12 | 10 | 9 | 11 | 10 |
| 去离子水 | 加至 1000mL | 加至 1000mL | 加至 1000mL | 加至 1000mL | 加至 1000mL | 加至 1000mL |

**制备方法** 将各组分原料混合均匀即可。

**原料介绍** 除了上述成分外,本品还可选用合适用量的在本领域所常用的其他添加剂,例如导电剂等常规助剂。

**产品应用** 电镀步骤:

(1) 配制电镀液。

(2) 将待电镀的基材置入所述电镀液中,通入电流,同时施加超声波进行电镀。所述电流为单脉冲方波电流,所述单脉冲方波电流的脉宽为 0.5～1ms,占空比为 5%～30%,平均电流密度为 0.5～3A/dm$^2$,电镀液 pH 为 11～13,电镀液温度为 70～80℃,电镀时间为 20～40min,阳极与阴极的面积比为 (1～4)∶1。所述基材为镍、钛、钽、铜或银。

本品电镀于超声波条件下进行。超声波的施加方式可采用超声波发生器。

本品对待电镀基材电镀前的处理方法以及电镀后镀件的处理不加限定,可以采取常规的处理方法,例如镀前清洗、打磨等。

**产品特性**

(1) 电镀液的性能较好,根据该方法制备的镀层质量较高。同直流电沉积相比,双电层的厚度和离子浓度分布均有改变;在增加了电化学极化的同时,降低了浓差极化,产生的直接作用是,脉冲电镀获得的镀层比直流电沉积获得的镀层更均匀、结晶更细密。不仅如此,脉冲电镀形成的镀层硬度和耐磨性均高,分布均匀性好,减少了零件边角处的超镀,可节约镀液使用量。

(2) 本品具有较好的分散能力和深镀能力,阴极电流效率高,镀液性能优异。采用该镀液在碱性条件下电镀获得的镀层孔隙率低、光亮度高、质量良好。

### 配方 11 Pt 的碱性电镀液

原料配比

| 原料 | 配比/g | | | | | |
|---|---|---|---|---|---|---|
| | 1# | 2# | 3# | 4# | 5# | 6# |
| 六羟基铂酸钾(以铂计) | 10 | 20 | 12 | 15 | 16 | 14 |
| 氯化锶(以锶计) | 0.010 | 0.015 | 0.0115 | 0.012 | 0.014 | 0.013 |
| 氢氧化钾 | 20 | 60 | 30 | 40 | 55 | 50 |
| 去离子水 | 加至 1000mL | 加至 1000mL | 加至 1000mL | 加至 1000mL | 加至 1000mL | 加至 1000mL |

**制备方法** 将各组分原料混合均匀即可。

**原料介绍** 除了上述成分外，本品还可选用合适用量的在本领域所常用的其他添加剂，例如导电剂等常规助剂。

**产品应用** 电镀步骤：

(1) 配制电镀液。

(2) 将待电镀的基材置入所述电镀液中，通入电流，同时施加超声波进行电镀。所述电流为单脉冲方波电流，所述单脉冲方波电流的脉宽为 $0.5\sim1ms$，占空比为 $5\%\sim30\%$，平均电流密度为 $0.5\sim3A/dm^2$，电镀液 pH 为 $11\sim13$，电镀液温度为 $70\sim80℃$，电镀时间为 $20\sim40min$，阳极与阴极的面积比为 $(1\sim4)$ ：1。所述基材为镍、钛、钽、铜或银。

本品电镀于超声波条件下进行。超声波的施加方式可采用超声波发生器。

本品对待电镀基材电镀前的处理方法以及电镀后镀件的处理不加限定，可以采取常规的处理方法，例如镀前清洗、打磨等。

**产品特性**

(1) 本品以六羟基铂酸钾为铂主盐，以氯化锶为光亮剂，加入氢氧化钾使镀液呈碱性，具有较好的分散能力和深镀能力，阴极电流效率高，镀液性能优异。采用该镀液在碱性条件下电镀获得的镀层孔隙率低、光亮度高、质量良好。

(2) 同直流电沉积相比，双电层的厚度和离子浓度分布均有改变；在增加了电化学极化的同时，降低了浓差极化，产生的直接作用是，脉冲电镀获得的镀层比直流电沉积获得的镀层更均匀、结晶更细密。不仅如此，脉冲电镀形成的镀层硬度和耐磨性均高，分布均匀性好，减少了零件边角处的超镀，可节约镀液使用量。

## 配方 12 含钡盐的碱性镀 Pt 的 P 盐电镀液

**原料配比**

| 原料 | 配比/g | | | | | |
|---|---|---|---|---|---|---|
| | 1# | 2# | 3# | 4# | 5# | 6# |
| P 盐(以铂计) | 20 | 30 | 25 | 22 | 26 | 26 |
| 氯化钡(以钡计) | 0.006 | 0.01 | 0.008 | 0.0065 | 0.009 | 0.007 |
| 硝酸铵 | 90 | 110 | 100 | 95 | 105 | 100 |
| 亚硝酸钾 | 8 | 12 | 10 | 9 | 11 | 10 |
| 去离子水 | 加至 1000mL | 加至 1000mL | 加至 1000mL | 加至 1000mL | 加至 1000mL | 加至 1000mL |

**制备方法** 将各组分原料混合均匀即可。

**原料介绍** 除了上述成分外，本品还可选用合适用量的在本领域所常用的其他添加剂，例如导电剂等常规助剂。

**产品应用** 电镀步骤：

(1) 配制电镀液。

(2) 将待电镀的基材置入所述电镀液中，通入电流，同时施加超声波进行电镀。所述电流为单脉冲方波电流，所述单脉冲方波电流的脉宽为 $0.5\sim1ms$，占空比为 $5\%\sim30\%$，平均电流密度为 $0.5\sim3A/dm^2$，电镀液 pH 为 $11\sim13$，电镀液温度为 $70\sim80℃$，电镀时间为 $20\sim40min$，阳极与阴极的面积比为 $(1\sim4)$ ：1。所述基材为镍、钛、钽、铜或银。

本品电镀于超声波条件下进行。超声波的施加方式可采用超声波发生器。

本品对待电镀基材电镀前的处理方法以及电镀后镀件的处理不加限定，可以采取常规的处理方法，例如镀前清洗、打磨等。

**产品特性**

(1) 本电镀液性能较好，根据该方法制备的镀层质量较高。同直流电沉积相比，双电层的厚度和离子浓度分布均有改变；在增加了电化学极化的同时，降低了浓差极化，产生的直接作用是，脉冲电镀获得的镀层比直流电沉积获得的镀层更均匀、结晶更细密。不仅如此，脉冲电镀形成的镀层硬度和耐磨性均高，分布均匀性好，减少了零件边角处的超镀，可节约镀液使用量。

(2) 本品以 P 盐为铂主盐，以硝酸铵和亚硝酸钾为辅盐，以氯化钡为光亮剂，具有较好的分散能力和深镀能力，阴极电流效率高，镀液性能优异。采用该镀液在碱性条件下电镀获得的镀层孔隙率低、光亮度高、质量良好。

### 配方 13  含四苯基溴化砷鎓的钯电镀液

**原料配比**

| 原料 | 配比/g | | | | | |
|---|---|---|---|---|---|---|
| | 1# | 2# | 3# | 4# | 5# | 6# |
| 反式二氨基二溴化钯（以钯计） | 5 | 20 | 12.5 | 8 | 16 | 10 |
| 溴化铵 | 60 | 90 | 75 | 67 | 80 | 70 |
| 磷酸氢二铵 | 70 | 100 | 85 | 76 | 90 | 80 |
| 3-吡啶磺酸 | 0.6 | 2.4 | 1.8 | 1.5 | 2 | 1.6 |
| 四苯基溴化砷鎓 | 0.001 | 0.004 | 0.0032 | 0.0025 | 0.0035 | 0.003 |
| 去离子水 | 加至 1000mL | 加至 1000mL | 加至 1000mL | 加至 1000mL | 加至 1000mL | 加至 1000mL |

**制备方法**  在水中溶解各原料组分形成电镀液。

**原料介绍**  除了上述成分外，本品还可选用合适用量的在本领域所常用的其他添加剂，例如配位剂、表面活性剂等常规助剂。

**产品应用**  电镀步骤：

(1) 配制电镀液。

(2) 将待电镀的基材置入所述电镀液中，通入电流，同时施加超声波进行电镀。所述电流为单脉冲方波电流，所述单脉冲方波电流的脉宽为 2～5ms，占空比为 5%～30%，平均电流密度为 2～4A/dm$^2$，电镀液 pH 为 7.5～8.5，电镀液温度为 45～55℃，电镀时间为 3～9min，阳极与阴极的面积比为（1～4）∶1。所述基材为铜或不锈钢。

本品电镀于超声波条件下进行。超声波的施加方式可采用超声波发生器。

本品对待电镀基材电镀前的处理方法以及电镀后镀件的处理不加限定，可以采取常规的处理方法，例如镀前清洗、打磨等。

**产品特性**

(1) 本品性能较好，根据该方法制备的镀层质量较高。同直流电沉积相比，双电层的厚度和离子浓度分布均有改变；在增加了电化学极化的同时，降低了浓差极化，产生的直接作用是，脉冲电镀获得的镀层比直流电沉积获得的镀层更均匀、结晶更细密。不仅如此，脉冲电镀形成的镀层硬度和耐磨性均高，分布均匀性好，减少了零件边角处的超镀，可节约镀液使用量。

（2）本品具有较好的分散能力和深镀能力，阴极电流效率高，镀液性能优异。采用该镀液在碱性条件下电镀获得的镀层孔隙率低、光亮度高、质量良好。

## 配方 14　含四苯基溴化锑的钯电镀液

**原料配比**

| 原料 | 配比/g | | | | | |
| --- | --- | --- | --- | --- | --- | --- |
| | 1# | 2# | 3# | 4# | 5# | 6# |
| 反式二氨基二溴化钯（以钯计） | 5 | 20 | 12.5 | 8 | 16 | 10 |
| 溴化铵 | 60 | 90 | 75 | 67 | 80 | 70 |
| 磷酸氢二铵 | 70 | 100 | 85 | 76 | 90 | 80 |
| 磷酸吡哆醛 | 2 | 5 | 3.5 | 3 | 4 | 3.2 |
| 四苯基溴化锑 | 0.002 | 0.006 | 0.0048 | 0.004 | 0.0055 | 0.0044 |
| 去离子水 | 加至1000mL | 加至1000mL | 加至1000mL | 加至1000mL | 加至1000mL | 加至1000mL |

**制备方法**　将各组分原料混合均匀即可。

**原料介绍**

除了上述成分外，本品还可选用合适用量的在本领域所常用的其他添加剂，例如配位剂、表面活性剂等常规助剂，这些都不会损害镀层的特性。

**产品应用**　电镀步骤：

（1）配制电镀液。

（2）将待电镀的基材置入所述电镀液中，通入电流，同时施加超声波进行电镀。所述电流为单脉冲方波电流，所述单脉冲方波电流的脉宽为2~5ms，占空比为5%~30%，平均电流密度为2~4A/dm²，电镀液pH为7.5~8.5，电镀液温度为45~55℃，电镀时间为3~9min，阳极与阴极的面积比为（1~4）∶1。所述基材为铜或不锈钢。

本品电镀于超声波条件下进行。超声波的施加方式可采用超声波发生器。

本品对待电镀基材电镀前的处理方法以及电镀后镀件的处理不加限定，可以采取常规的处理方法，例如镀前清洗、打磨等。

**产品特性**

（1）四苯基溴化锑中含有As原子，在空气、高温条件下较钯更容易被氧化，可以对钯电镀层起到较好的抗氧化效果，从而改善钯电镀层的焊料润湿性。磷酸吡哆醛可显著提高钯镀层的光亮性。磷酸盐的加入有助于获得平整、光泽度高、结合强度良好的镀层。反式二氨基二溴化钯为平面型分子，两个氨基作为配体分别位于中心原子钯的两侧使得其不易与水中氢氧根结合产生氢氧化钯沉淀，降低了二价钯离子与阴极的电沉积效率。

（2）该电镀液的性能较好，根据该方法制备的镀层质量较高。同直流电沉积相比，双电层的厚度和离子浓度分布均有改变；在增加了电化学极化的同时，降低了浓差极化，产生的直接作用是，脉冲电镀获得的镀层比直流电沉积获得的镀层更均匀、结晶更细密。不仅如此，脉冲电镀形成的镀层硬度和耐磨性均高，分布均匀性好，减少了零件边角处的超镀，可节约镀液使用量。

（3）本品具有较好的分散能力和深镀能力，阴极电流效率高，镀液性能优异。采用该镀液在碱性条件下电镀获得的镀层孔隙率低、光亮度高、质量良好。

### 配方 15　含溴化铵、四苯基溴化锑的钯电镀液

**原料配比**

| 原料 | 配比/g | | | | | |
|---|---|---|---|---|---|---|
| | 1# | 2# | 3# | 4# | 5# | 6# |
| 顺式二氯二氨基钯（以钯计） | 5 | 20 | 12.5 | 8 | 16 | 10 |
| 溴化铵 | 60 | 90 | 75 | 67 | 80 | 70 |
| 亚硝酸钠 | 10 | 30 | 20 | 15 | 25 | 18 |
| 磷酸吡哆醛 | 2 | 5 | 3.5 | 3 | 4 | 3.2 |
| 四苯基溴化锑 | 0.002 | 0.006 | 0.0048 | 0.004 | 0.0055 | 0.0044 |
| 去离子水 | 加至1000mL | 加至1000mL | 加至1000mL | 加至1000mL | 加至1000mL | 加至1000mL |

**制备方法**　将各组分原料混合均匀即可。

**原料介绍**　除了上述成分外，本品还可选用合适用量的在本领域所常用的其他添加剂，例如配位剂、表面活性剂等常规助剂，这些都不会损害镀层的特性。

**产品应用**　电镀步骤：

（1）配制电镀液。

（2）将待电镀的基材置入所述电镀液中，通入电流，同时施加超声波进行电镀。所述电流为单脉冲方波电流，所述单脉冲方波电流的脉宽为 2～5ms，占空比为 5%～30%，平均电流密度为 2～4A/dm$^2$，电镀液 pH 为 7.5～8.5，电镀液温度为 45～55℃，电镀时间为 3～9min，阳极与阴极的面积比为（1～4）：1。所述基材为铜或不锈钢。

本品电镀于超声波条件下进行。超声波的施加方式可采用超声波发生器。

本品对待电镀基材电镀前的处理方法以及电镀后镀件的处理不加限定，可以采取常规的处理方法，例如镀前清洗、打磨等。

**产品特性**

（1）四苯基溴化锑中含有 As 原子，在空气、高温条件下较钯更容易被氧化，可以对钯电镀层起到较好的抗氧化效果，从而改善钯电镀层的焊料润湿性。磷酸吡哆醛可显著提高钯镀层的光亮性。可以亚硝酸钠为光亮剂，可以获得平整、光泽度高、结合强度良好的镀层。顺式二氯二氨基钯为平面型分子，两个氨基作为配体分别位于中心原子钯的两侧使得其不易与水中氢氧根结合产生氢氧化钯沉淀，降低了二价钯离子与阴极的电沉积效率。

（2）本品性能较好，根据该方法制备的镀层质量较高。同直流电沉积相比，双电层的厚度和离子浓度分布均有改变；在增加了电化学极化的同时，降低了浓差极化，产生的直接作用是，脉冲电镀获得的镀层比直流电沉积获得的镀层更均匀、结晶更细密。不仅如此，脉冲电镀形成的镀层硬度和耐磨性均高，分布均匀性好，镀液分散能力和深镀能力好，减少了零件边角处的超镀，可节约镀液使用量。

## 配方 16　含四正丙基溴化铵的钯电镀液

**原料配比**

| 原料 | 配比/g | | | | | |
|---|---|---|---|---|---|---|
| | 1# | 2# | 3# | 4# | 5# | 6# |
| 反式二氨基二溴化钯（以钯计） | 5 | 20 | 12.5 | 8 | 16 | 10 |
| 溴化铵 | 60 | 90 | 75 | 65 | 76 | 70 |
| 磷酸氢二铵 | 70 | 100 | 85 | 78 | 85 | 80 |
| 2,3-吡啶二羧酸 | 1 | 3 | 2.5 | 1.6 | 2.4 | 2 |
| 四正丙基溴化铵 | 0.0005 | 0.003 | 0.0025 | 0.0018 | 0.0025 | 0.002 |
| 去离子水 | 加至 1000mL | 加至 1000mL | 加至 1000mL | 加至 1000mL | 加至 1000mL | 加至 1000mL |

**制备方法**　将各组分原料混合均匀即可。

**原料介绍**　除了上述成分外，本品还可选用合适用量的在本领域所常用的其他添加剂，例如配位剂、表面活性剂等常规助剂。

**产品应用**　电镀步骤：

（1）配制电镀液。

（2）将待电镀的基材置入所述电镀液中，通入电流，同时施加超声波进行电镀。所述电流为单脉冲方波电流；所述单脉冲方波电流的脉宽为 2~5ms，占空比为 5%~30%，平均电流密度为 2~4A/dm$^2$，电镀液 pH 为 7.5~8.5，电镀液温度为 45~55℃，电镀时间为 3~9min，阳极与阴极的面积比为（1~4）∶1。所述基材为铜或不锈钢。

本品电镀于超声波条件下进行。超声波的施加方式可采用超声波发生器。

本品对待电镀基材电镀前的处理方法以及电镀后镀件的处理不加限定，可以采取常规的处理方法，例如镀前清洗、打磨等。

**产品特性**

（1）本品性能较好，根据该方法制备的镀层质量较高。同直流电沉积相比，双电层的厚度和离子浓度分布均有改变；在增加了电化学极化的同时，降低了浓差极化，产生的直接作用是，脉冲电镀获得的镀层比直流电沉积获得的镀层更均匀、结晶更细密。不仅如此，脉冲电镀形成的镀层硬度和耐磨性均高，分布均匀性好，减少了零件边角处的超镀，可节约镀液使用量。

（2）本品以反式二氨基二溴化钯为钯主盐，以四正丙基溴化铵为抗氧化剂，以吡啶二羧酸为光亮剂，有较好的分散能力和深镀能力，阴极电流效率高，镀液性能优异。采用该镀液在碱性条件下电镀获得的镀层孔隙率低、光亮度高、质量良好。

## 配方 17　含亚硝酸钠、四苯基溴化砷鎓的钯电镀液

**原料配比**

| 原料 | 配比/g | | | | | |
|---|---|---|---|---|---|---|
| | 1# | 2# | 3# | 4# | 5# | 6# |
| 顺式二氯二氨基钯（以钯计） | 5 | 20 | 12.5 | 8 | 16 | 10 |
| 溴化铵 | 60 | 90 | 75 | 67 | 80 | 70 |
| 3-吡啶磺酸 | 0.6 | 2.4 | 1.8 | 1.5 | 2 | 1.6 |
| 四苯基溴化砷鎓 | 0.001 | 0.004 | 0.0032 | 0.0025 | 0.0035 | 0.003 |

| 原料 | 配比/g | | | | | |
|---|---|---|---|---|---|---|
| | 1# | 2# | 3# | 4# | 5# | 6# |
| 亚硝酸钠 | 10 | 30 | 20 | 15 | 25 | 18 |
| 去离子水 | 加至1000mL | 加至1000mL | 加至1000mL | 加至1000mL | 加至1000mL | 加至1000mL |

**制备方法** 将各组分原料混合均匀即可。

**原料介绍** 除了上述成分外，本品还可选用合适用量的在本领域所常用的其他添加剂，例如配位剂、表面活性剂等常规助剂。

**产品应用** 电镀步骤：

（1）配制电镀液。

（2）将待电镀的基材置入所述电镀液中，通入电流，同时施加超声波进行电镀。所述电流为单脉冲方波电流，所述单脉冲方波电流的脉宽为 2~5ms，占空比为 5%~30%，平均电流密度为 2~4A/dm$^2$，电镀液 pH 为 7.5~8.5，电镀液温度为 45~55℃，电镀时间为 3~9min，阳极与阴极的面积比为（1~4）：1。所述基材为铜或不锈钢。

本品电镀于超声波条件下进行。超声波的施加方式可采用超声波发生器。

本品对待电镀基材电镀前的处理方法以及电镀后镀件的处理不加限定，可以采取常规的处理方法，例如镀前清洗、打磨等。

**产品特性**

（1）本品性能较好，根据该方法制备的镀层质量较高。同直流电沉积相比，双电层的厚度和离子浓度分布均有改变；在增加了电化学极化的同时，降低了浓差极化，产生的直接作用是，脉冲电镀获得的镀层比直流电沉积获得的镀层更均匀、结晶更细密。不仅如此，脉冲电镀形成的镀层硬度和耐磨性均高，分布均匀性好，减少了零件边角处的超镀，可节约镀液使用量。

（2）本品以顺式二氯二氨基钯为钯主盐，以四苯基溴化砷镓为抗氧化剂，以亚硝酸钠为光亮剂，具有较好的分散能力和深镀能力，阴极电流效率高，镀液性能优异。采用该镀液在碱性条件下电镀获得的镀层孔隙率低、光亮度高、质量良好。

## 配方 18　制备二氧化铅电极的电镀液

**原料配比**

| 原料 | 配比/g | | | |
|---|---|---|---|---|
| | 1# | 2# | 3# | 4# |
| 乙酸铅 | 250 | 260 | 270 | 280 |
| 氨基磺酸 | 15 | 18 | 18 | 20 |
| 氟化钠 | 0.5 | 1.2 | 1.8 | 2.4 |
| 聚四氟乙烯(60%) | 6mL | 6mL | 7mL | 8mL |
| 水 | 加至1000mL | 加至1000mL | 加至1000mL | 加至1000mL |

**制备方法** 先将乙酸铅、氨基磺酸、氟化钠溶解在水中，在搅拌条件下加入聚四氟乙烯乳液。

**产品应用** 本品主要应用于制备二氧化铅电极。

二氧化铅电极的具体制备方法如下：以经过预处理的基体为阳极，以纯铅板、铂或石墨为阴极，维持所述的电镀液温度在 60～80℃，控制电流密度在 30～60mA/cm²，通电 1～2h，即得二氧化铅电极。所述的基体可选用惰性金属基体，如钛、铂、镍等，或者石墨。本领域技术人员可根据实际情况选择合适的阴极和基体。基体在使用前可通过常规方法进行预处理，如将表面打磨平。

**产品特性** 以乙酸铅为主体铅盐，用氨基磺酸调节镀液酸碱性，添加氟化钠与聚四氟乙烯，使得镀液非常稳定，酸蚀性微弱，而且配制方法简单。乙酸铅对硝酸铅的取代、氨基磺酸对硝酸的取代、氟离子与聚四氟乙烯乳液的添加均显著地改善了镀层性能，主要表现在：镀层不易脱落，稳定性好；析氧过电位高；电催化活性好；对有机物的降解效率高。镀层的优异性能在一定程度上弥补了电极在工业废水处理上容易钝化失活的缺陷，使得二氧化铅电极能更好地应用于电解工业中。

## 配方 19　电镀锡电镀液

### 原料配比

| 原料 | 配比(质量份) | | 原料 | 配比(质量份) | |
| --- | --- | --- | --- | --- | --- |
| | 1# | 2# | | 1# | 2# |
| 氯化镁 | 20 | 25 | 硫酸钾 | 5 | 8 |
| 氯化钴 | 20 | 30 | 五氧化二磷 | 6 | 8 |
| 硫酸锰 | 20 | 25 | 2-羟基乙基-1-磺酸锡 | 15 | 20 |
| 偏钒酸铵 | 5 | 10 | 2-羟基丁基-1-磺酸锡盐 | 15 | 20 |
| 四钼酸铵 | 5 | 8 | N-羟乙基乙二胺三乙酸 | 5 | 10 |
| 磷钼酸铵 | 6 | 10 | 1,3-丙烷磺内酯 | 8 | 10 |
| 硫酸 | 10 | 15 | 去离子水 | 80 | 100 |
| 磷酸 | 6～10 | 10 | | | |

**制备方法** 将各组分原料混合均匀即可。

**产品特性** 本品流动性、导电性较高，可以提高电镀锡的稳定性、均匀性、致密度等，也提高了金属的防腐性能，且电镀过程中使用恒流电镀方式，效率高、更安全。

## 配方 20　电缆导体的电镀液

### 原料配比

| 原料 | 配比/g | | |
| --- | --- | --- | --- |
| | 1# | 2# | 3# |
| 硫酸亚锡 | 60 | 40 | 70 |
| 硫酸 | 80 | 70 | 100 |
| 表面活性剂 | 4 | 3.5 | 4.5 |
| SS-920 酸性镀锡亮剂 | 10mL | 5mL | 15mL |
| 纳米石墨烯 | 3 | 1 | 5 |
| 水 | 加至 1000mL | 加至 1000mL | 加至 1000mL |

**制备方法** 将各组分原料混合均匀即可。

**产品应用** 电镀步骤：

（1）铜导线前处理：采用体积分数 20% 的硫酸溶液酸洗处理，清除铜导线表面的氧化层等杂质成分。

（2）电镀：将步骤（1）清洗后的铜线引入镀锡槽，镀锡槽内镀液按上述配方配置，且镀锡槽内固定锡块，锡块与直流电源"＋"极相连接，铜线通过阴极滚筒接电源"－"极；所述电镀工艺参数：电流密度为 $6A/dm^2$、温度为 $10\sim20℃$、铜导体传送速度 $10\sim20m/min$。

（3）回收：采用回刮镀液等手段回收锡。

（4）清洗：采用流水清洗、热水烫洗、水蒸气清洗等。

（5）干燥：采用热风烘干。

**产品特性**　本品配方合理，用于电缆铜导线的电镀时，不仅材料锡利用率达到90％以上，而且大大提高了铜导线的抗腐蚀性能。根据本品采用电镀锡的方法，操作工无需穿模，室温下生产，任何时间皆可启动或停止生产，工人的劳动强度明显降低。

## 配方 21　磺酸型半光亮纯锡电镀液

**原料配比**

| 原料 | | 配比/g | | |
|---|---|---|---|---|
| | | 1# | 2# | 3# |
| 甲基磺酸 | | 100 | 110 | 120 |
| 甲基磺酸亚锡 | | 200 | 220 | 250 |
| 光亮剂 | β-萘酚乙氧基化物 | 2 | 6 | 8 |
| | 稳定剂 | 5 | 8 | 10 |
| 润湿剂 | 壬基酚聚氧乙烯醚 NP 系列 | 10 | 12 | 15 |
| 晶粒细化剂 | 椰子油脂肪醇聚氧乙烯醚 | 2 | 3 | 5 |
| | 去离子水 | 加至 1000mL | 加至 1000mL | 加至 1000mL |
| 稳定剂/(mol/L) | 乙醇 | 2.5 | 3 | 4 |
| | 亚硫酸钠 | 3 | 4 | 5 |
| | 硫酸亚铁 | 0.5 | 1 | 1.5 |
| | 去离子水 | 加至 1000mL | 加至 1000mL | 加至 1000mL |

**制备方法**　将各组分原料混合均匀即可。

**产品应用**　本品主要用于电子电器的接插件、端子、IC 和半导体分立器件的滚、挂镀哑光纯锡镀层等电子电镀工业领域。

**产品特性**

（1）不含氟硼酸盐和铅、铋、铈等重金属，也不含甲醛和易燃物，电镀后的废弃液处理成本低，对环境无污染，安全、环保；

（2）该磺酸型半光亮纯锡电镀液中各组分分散性好，通过各组分的协同作用，有效地避免了亚锡离子的水解和光亮剂等组分的氧化，保证了该磺酸型半光亮纯锡电镀液清亮透明、稳定性高，有效克服了现有酸性镀锡工艺所采用的锡电镀液中存在的不足；

（3）该磺酸型半光亮纯锡电镀液相容性好，通用性强；

（4）用该磺酸型半光亮纯锡电镀液进行电镀时，沉积速度快，生产效率高，而且在从高区到低区宽广的电流密度范围内，均可获得外观一致的半光亮纯锡镀层，且锡电镀层结晶细致、均匀，具有优异的耐蚀性、抗变色性和可焊性；

（5）本磺酸型半光亮纯锡电镀液以烷基磺酸亚锡为主盐，在光亮剂、稳定剂、烷基磺酸、润湿剂、晶粒细化剂等组分的协同作用下，分散能力强、稳定、高效。

## 配方 22　抑制镀锡铜线露铜的电镀液

**原料配比**

| 原料 | | 配比（质量分） | | |
|---|---|---|---|---|
| | | 1# | 2# | 3# |
| 体积比为 6∶1∶2 的氯磺酸、乙酸、铬酸的混合溶液 | | 30 | 50 | 40 |
| 硫酸亚锡 | | 10 | 16 | 13 |
| 十二烷基硫酸钠 | | 10 | 14 | 12 |
| | 固色剂 | 4 | 8 | 6 |
| 还原剂 | 金属还原剂 | 1 | 3 | 2 |
| | 光亮剂 | 6 | 8 | 7 |
| | 掩蔽剂 | 5 | 9 | 7 |
| 表面活性剂 | 非离子型表面活性剂 | 1 | 3 | 2 |
| | 水 | 30 | 40 | 35 |
| 固色剂 | 环氧氯丙烷 | 1 | 1 | 1 |
| | 氯化铵壳聚糖 | 3 | 3 | 3 |
| 光亮剂 | 柠檬酸 | 2 | 2 | 2 |
| | 果酸 | 1 | 1 | 1 |
| | 硅油 | 1 | 1 | 1 |
| | 十二烷基聚葡糖苷 | 2 | 2 | 2 |
| 掩蔽剂 | 半胱氨酸 | 2 | 2 | 2 |
| | 氨基乙酸 | 1 | 1 | 1 |
| | 酒石酸 | 2 | 2 | 2 |

**制备方法**

（1）取三分之一的水，边搅拌边缓慢加入所需量的氯磺酸、乙酸、铬酸的混合溶液，待溶液温度降至室温时加入所需量的固色剂，搅拌，静置 20min 后加入所需量的光亮剂和还原剂，混合搅拌均匀得混合溶液 A；

（2）将步骤（1）制备的混合溶液 A 加入电镀槽中，调节 pH 至 4.0～5.5，加入三分之一的水，然后加入所需量的硫酸亚锡和十二烷基硫酸盐，混合搅拌均匀，沉积 30min 后加入所需量的掩蔽剂、表面活性剂以及余量的水，搅拌均匀得所需的电镀液。

**产品应用**　电镀工艺流程：放线→碱洗→清水冲洗→酸洗→电镀→清水冲洗→吹干→收线→拉丝、退火→收线（成品）；具体电镀过程：首先配制好电镀液，将前处理后的铜线浸埋于电镀液中，并在阴极和阳极施加一定的电压进行电镀处理。

**产品特性**　与传统电镀液相比，本品对露铜现象抑制效果明显，且使用本品进行电镀后镀层柔韧性和延展性好，镀液走位性能好，对镀层裂纹的出现具有很好的缓解作用，对温度承受能力较好，具有很强的实用价值。

# 参考文献

中国专利公告

CN201510519708.2
CN201510189839.9
CN201810386633.9
CN201510657632.X
CN201711212909.3
CN201810386632.4
CN201910087261.4
CN201611252772.X
CN201810293764.2
CN201511009332.7
CN201710915733.1
CN201710461450.4
CN201710145792.5
CN201710977515.0
CN201811324632.8
CN201810384670.6
CN201611252859.7
CN201611252880.7
CN201810399435.6
CN201610092574.5
CN201810951085.X
CN201510515170.8
CN201510189970.5
CN201810113306.6
CN201810662717.0
CN201710467269.4
CN201510322355.7
CN201710128690.2
CN201610219258.X
CN201910037607.X
CN201711347922.X
CN201510312146.4
CN201510518047.1
CN201510716992.2

CN201610729261.6
CN201810983475.5
CN201510175987.5
CN201611081183.X
CN201810055327.7
CN201510970791.5
CN201510440092.X
CN201910828837.8
CN201711013010.9
CN201711013008.1
CN201510433799.8
CN201610673603.7
CN201710606686.2
CN201610416444.2
CN201710518591.5
CN201610675886.9
CN201611101251.4
CN201510262497.9
CN201710606677.3
CN201710915735.0
CN201510429612.7
CN201610742351.9
CN201810103349.6
CN201710195613.9
CN201710738124.3
CN201810983278.3
CN201810579018.X
CN201610132947.7
CN201610149073.6
CN201711340361.0
CN201910359924.3
CN201510341341.X
CN201611231312.9
CN201610029979.4

CN201510333267.7
CN201510855333.7
CN201510976729.7
CN201810671534.5
CN201810672828.X
CN201710905066.9
CN201710767914.4
CN201510976431.6
CN201710160086.8
CN201910485001.2
CN201611025831.X
CN201911049075.8
CN201610092571.1
CN201810255178.9
CN201910630407.5
CN201811400337.6
CN201510433735.8
CN201510516082.X
CN201610762822.2
CN201510853444.4
CN201910255131.7
CN201510340647.3
CN201911033917.0
CN201811132651.0
CN201710681313.1
CN201710610614.5
CN201811132657.8
CN201510515603.X
CN201611004451.8
CN201510519577.8
CN201510520736.6
CN201510516434.1
CN201510976525.3
CN201610125737.5

CN201510604843. 7　　CN201510657726. 7　　CN201910215452. 4
CN201710610466. 7　　CN201811221879. 7　　CN201711013876. X
CN201710738117. 3　　CN201510657708. 9　　CN201711228964. 1
CN201510472183. 1　　CN201810400022. 5　　CN201711019317. X
CN201710915776. X　　CN201811252225. 0　　CN201710780618. 8
CN201711213018. X　　CN201510723357. 7　　CN201510224573. 7
CN201510520100. 1　　CN201711036931. 7　　CN201510474070. 5
CN201510865812. 7　　CN201510387381. 8　　CN201910789176. 2
CN201811069255. 8　　CN201510095969. 6　　CN201811329666. 6
CN201510605481. 3　　CN201510215666. 3　　CN201710687436. 6
CN201510605021. 0　　CN201610669764. 9　　CN201510604171. X
CN201510518319. 8　　CN201910007986. 8　　CN201510604844. 1
CN201910288314. 9　　CN201610374997. 6　　CN201510604645. 0
CN201510521011. 9　　CN201710719186. X　　CN201510603168. 6
CN201811034411. 7　　CN201810756653. 0　　CN201510604080. 6
CN201611252860. X　　CN201510733542. 4　　CN201510604122. 6
CN201810658932. 3　　CN201210054568. 2　　CN201810097029. 4
CN201810658987. 4　　CN201210054585. 6　　CN201710738123. 9
CN201810658904. 1　　CN201110424567. 8　　CN201510843838. 1
CN201810658960. 5　　CN201811558990. 5　　CN201510605222. 0
CN201810658986. X　　CN201811396932. 7　　CN201510604641. 2
CN201810658854. 7　　CN201910069756. 4　　CN201510604845. 6
CN201810965548. 8　　CN201510869824. 7　　CN201510812642. 6
CN201510605224. X　　CN201510333870. 5　　CN201510812641. 1
CN201510518148. 0　　CN201310557213. X　　CN201510814842. 5
CN201810962030. 9　　CN201710575785. 9　　CN201510811716. 4
CN201510516083. 4　　CN201510519601. 8　　CN201510812738. 2
CN201710989752. 9　　CN201510518069. 8　　CN201510605306. 4
CN201811403861. 9　　CN201811323819. 6　　CN201810900533. 3
CN201510333790. X　　CN201510341394. 1　　CN201510333852. 7
CN201510429553. 3　　CN201210230700. 0　　CN201810644375. X
CN201610163369. 3　　CN201510979688. 7　　CN201510519605. 6
CN201910952237. 2　　CN201510976553. 5　　CN201510981575. 0